Chakresh Kumar
Ghanendra Kumar

MIMO em comunicações ópticas

Chakresh Kumar
Ghanendra Kumar

MIMO em comunicações ópticas

ScienciaScripts

Imprint

Cover image: www.ingimage.com

This book is a translation from the original published under ISBN 978-620-8-11841-9.

Publisher:
Sciencia Scripts
is a trademark of
Dodo Books Indian Ocean Ltd. and OmniScriptum S.R.L publishing group

120 High Road, East Finchley, London, N2 9ED, United Kingdom
Str. Armeneasca 28/1, office 1, Chisinau MD-2012, Republic of Moldova, Europe
Printed at: see last page
ISBN: 978-620-8-20312-2

Índice de conteúdo

Resumo

Este relatório propõe um sistema de comunicação relacionado com o espaço livre que funciona com uma taxa de bits elevada. Neste documento, o principal objetivo é fornecer uma grande largura de banda juntamente com uma elevada transmissão de dados através de uma ligação de comunicação. Não há nenhum processo ou sistema que não tenha desafios. Neste caso, o principal desafio são as perturbações atmosféricas que provocam a melhoria da taxa de erro de bits e reduzem a velocidade dos dados. Neste documento, o objetivo é reduzir estes efeitos e torná-lo mais eficiente. Depois de analisar esta ligação de comunicação de alta velocidade, conceber uma aplicação relacionada com FSO e fornecer uma taxa de dados elevada. Neste documento, foram feitos esforços para atenuar ou minimizar os efeitos da cintilação, avaliando o desempenho do sistema através de simulação.

A principal vantagem da utilização destas técnicas é o aumento do alcance do sistema de comunicação, que normalmente não é muito elevado, sendo superior a quilómetros. Mas, depois de utilizar esta técnica, obtém-se uma comunicação eficiente no espaço livre.

Capítulo 1

Introdução

1.1 Antecedentes

Com o avanço da tecnologia e o aumento do número de utilizadores, é necessário aumentar a largura de banda, pelo que, utilizando esta tecnologia de comunicação ótica no espaço livre, podemos satisfazer este requisito e substituir a tecnologia antiga, que é a comunicação por radiofrequência, utilizada anteriormente para uma menor velocidade de transmissão de dados, que é de até mbps, mas na comunicação ótica no espaço livre podemos optar por uma velocidade de transmissão de dados elevada na comunicação por radiofrequência, o que tem uma grande vantagem e desvantagem: é necessário um caminho licenciado e também há problemas de congestionamento e interferências.

Mas a comunicação ótica em espaço livre é mais vantajosa do que a comunicação por radiofrequência. Na comunicação ótica livre, existe um vasto leque de possibilidades de utilização de canais electrónicos livres licenciados e de notícias para uma perspetiva futura. As comunicações ópticas em espaço livre oferecem uma solução alternativa para a comunicação por satélite e entre satélites em relação ao solo. Sempre que é necessário seguir o feixe ótico, este reduz a atenuação e proporciona uma ligação clara, o que aumenta a distância da ligação. Há vários investigadores que estudam a comunicação ótica no espaço livre e descobriram que há muitas tecnologias electrónicas que se fundem com a comunicação ótica no espaço livre e dão bons resultados, o que não era possível anteriormente. Por isso, há muitos problemas que causam factores de atenuação que provocam perda de potência e ruído no sistema de saída final. Os factores de atenuação são diferentes tipos de condições atmosféricas e muitas obstruções que, se enviarmos um sinal, provocam uma propagação multipercurso devido a estes obstáculos e provocam uma perda de sinal. Estes factores de atenuação provocam diferentes tipos de perdas, como a absorção do sinal devido ao vapor de água, o alargamento do impulso no sinal e a propagação do feixe. Estes factores também afectam o desempenho do sistema, como o fator de qualidade da taxa de erro de bits e muitos outros. A alteração da taxa de erro de bits afecta a gama de visibilidade e reduz os parâmetros do sistema devido a estes factores, que são a absorção, a dispersão e a cintilação do IR.

Os diferentes factores que afectam a ligação de comunicação ótica no espaço livre são a perda devido ao sector de atenuação geométrica. Na ótica de espaço livre b, utilizamos o laser para transmitir um feixe altamente direcional que é estreito no verdadeiro sentido e também o caminho da luz cai sobre o sistema de receção do lado do recetor, aqui utilizamos o laser porque o laser tem o papel principal de fornecer um feixe estreito e evitar que se espalhe. Devido a esta atenuação geométrica na extremidade recetora, o recetor não recolhe todo o feixe de luz e alguns dos feixes ficam embaciados devido a esta perda criada. Uma vez que as comunicações ópticas no espaço livre funcionam com base no princípio da linha de visão, para obter uma melhor saída, mas nem sempre é possível, na maior parte das vezes o alinhamento entre o transmissor e o recetor é perturbado devido a muitas regiões, como a vibração no recetor e no transmissor, e por vezes também devido ao efeito do vento e muito mais. Devido ao alinhamento incorreto entre o transmissor e o recetor, a linha de visão não é criada e, por vezes, o sinal também se perde devido à elevada atenuação.

1.2 Investigação e motivação

Há muitos investigadores que desenvolveram muitas tecnologias para proporcionar um bom desempenho e a perda de atenuação também aumenta a taxa de erro de bits. Estas várias técnicas foram investigadas para reduzir a atenuação no canal ótico de espaço livre durante a transmissão de dados, como a utilização de antenas de entrada múltipla e saída múltipla. O que provoca a redução da perda de sinal através da utilização de propagação multipercurso. O MIMO é a melhor técnica utilizada para melhorar a intensidade do sinal. A antena de saída múltipla de entrada múltipla funciona com base em dois princípios básicos, como a diversidade especial e a eficiência especial. Na técnica de antena de saída múltipla de entrada múltipla, estamos a utilizar o número de antenas no lado do transmissor e o maior número de antenas no lado do recetor. Ao utilizar o número de antenas, quando enviamos o sinal com todas as antenas vazias, ele vai para a extremidade do recetor e diferentes partes, então recebemos o melhor sinal disso. Existem também muitas técnicas para reduzir estes factores de atenuação, aqui no meu trabalho utilizei técnicas de otimização iterativas. Esta técnica inclui um elemento que gera uma cópia do mesmo sinal de transmissão com um número de cópias e, em seguida, utilizo cada uma das cópias com a adição de um amplificador que amplifica o sinal em diferentes fases e, em seguida, utilizando a seleção, apenas selecciono um dos melhores sinais. Ao utilizar esta técnica, podemos facilmente aumentar o alcance da ligação de comunicação na comunicação por fibra ótica, cujo principal objetivo é reduzir a taxa de erro de bits e aumentar o alcance. Esta técnica permite reduzir o desempenho do sistema e reduzir o efeito de sombra e o desalinhamento do sinal de receção. Nick Lesseps et al é um dos investigadores que utiliza múltiplas entradas e múltiplas saídas através da utilização de múltiplos lasers e, no recetor, o dispositivo de receção tem uma área de aquisição, pelo que, alterando os efeitos de múltiplas aberturas, podemos criar variações de intensidade e correlacioná-las com diferentes trajectos. Um investigador utiliza várias antenas no lado do transmissor e várias antenas no lado do recetor e discute o desempenho da técnica de pergunta e o efeito do canal e em que fenómenos a diversidade especial e a diversidade de tempo desempenham um papel. No estudo recente, um dos investigadores estudou a turbulência causada pelas regiões atmosféricas e comparou-a com diferentes tipos de técnicas de modulação com a técnica MIMO, tendo encontrado uma melhor eficiência. V.XArcha et al efectua alguns cálculos matemáticos para provar a taxa de erro estimada e a probabilidade de interrupção. Utilizaram 3 sinais de comprimentos de onda diferentes e enviaram-nos utilizando a técnica MIMO sob a pressão de problemas atmosféricos, com um comprimento de 1 quilómetro, e obtiveram uma melhor eficiência e intensidade do sinal no recetor em comparação com outras técnicas de modulação.

10 dias acharam esta técnica útil e também sugerem este método eficaz especialmente quando o sinal precisa de ser forte mas as condições atmosféricas não são boas. Esta é a forma como é muito útil em aplicações comerciais, uma vez que, com estas vantagens, existem também algumas qualidades importantes, como o baixo custo de vida e a arquitetura simples. Para analisar matematicamente e bi utilizar os canais de gooseling e a função de densidade de probabilidade para calcular a intensidade média e sobre a área de receção do detetor. Descreve o quanto a área de receção será mais os factores de atenuação se desvanecerão mais por vezes medir o tamanho da área de abertura do recetor não disponível praticamente, então tomamos diversidade especial um fenómeno em vistas. Como calculamos a atenuação atmosférica diferente e os problemas que causam por eles que envelhecem em termos de taxa de erro BIT fator de qualidade e snr. Vamos comparar o desempenho da antena de entrada única de saída única com o desempenho da antena de entrada múltipla de saída múltipla e também comparar com outras tecnologias. Depois de analisar este investigador verificou que ajuda a corrigir

as perturbações de amplitude e de fase. Mohammed Ali et.al. também dão uma breve ideia sobre o desempenho das comunicações ópticas no espaço livre em muitos casos que causam perturbações, se estas perturbações causarem uma diminuição do desempenho, o que é utilizado por outros esquemas de modulação como o QPSK BPSK PSK SK e outras técnicas de modulação. Depois de estudar todas as técnicas de modulação, o investigador considerou-as muito fáceis e baratas. O investigador seguinte discutiu popularmente alguns obstáculos que provocam um baixo desempenho do sistema durante estas técnicas de modulação. Também apresentou todas as técnicas de modulação que não foram utilizadas no sistema de comunicações terrestres. Bobby Bravura descobriu que a taxa de erro de bits, enquanto a técnica OOK utilizou o desempenho da BER, não é melhor do que a BPSK, pelo que deu valor à BPSK.

O outro investigador efectuou cálculos matemáticos sobre todas as técnicas e chegou à conclusão de que o método de comunicação ótica é mais vantajoso do que o anterior. Estudou também o efeito das perturbações atmosféricas em diferentes casos e a forma como afectam a comunicação por fibra ótica. Existem mais algumas técnicas de comunicação digital, como a modulação por código de impulsos leves, a modulação por posição de impulsos e a modulação por largura de impulsos, em que o investigador concluiu que a PPM poderia ser uma melhor solução em vez da a s k, porque na PPM não é necessário um limiar dinâmico.

No FSO, em caso de mau tempo, o smog da chuva de sapos constitui uma grande dificuldade, porque contém um número de gotas de água cujo tamanho está próximo do comprimento de onda do infravermelho. O número de gotas de água depende do estado do tempo. A radiofrequência Bheem é menos afetada pela chuva quando comparada com o canal de radiofrequência. Assim, se juntarmos a ótica do espaço livre à radiofrequência, verificámos, após um estudo de verão, que esta técnica de modulação híbrida também supera as perturbações devidas à perda atmosférica. Em diferentes estações do ano, diferentes áreas e outros locais geométricos, a temperatura muda e, devido a isso, a humidade e a altitude também mudam, o que depende do estado da atmosfera. Para analisar quaisquer dados, é necessário recolher alguns dados em diferentes condições atmosféricas.

1.3 Objetivo da investigação

Nesta tese, o objetivo do investigador é melhorar o desempenho da comunicação ótica em espaço livre e também aumentar o alcance da ligação ótica. Na comunicação em espaço livre, existem muitos factores de ruído. Estes factores de ruído afectam negativamente o processo de comunicação. Nesta tese, o investigador começa por estudar todos os factores que afectam a comunicação ótica no espaço livre e tenta resolver todos os problemas. Na atmosfera, existem muitos factores como a chuva, as condições meteorológicas, a construção e outros obstáculos que afectam a comunicação na linha de visão entre o transmissor e o recetor. A comunicação ótica no espaço livre mantém o seu trabalho na linha de visão para obter sinais de alta qualidade, mas aqui este fenómeno não estava a acontecer, por isso, depois de analisar todos os parâmetros, o investigador tenta reduzir estes erros. A comunicação ótica no espaço livre real tem como parte principal o lado do transmissor e o lado do recetor. O lado do transmissor consiste em potência, comprimento de onda, área oposta e, no lado do recetor, a responsabilidade do detetor fotográfico afecta o sinal. Neste artigo, o investigador começa por apresentar uma comunicação ótica simples no espaço livre e mostra o seu desempenho utilizando o diagrama de olho e, após a simulação, percebe-se como o sinal é afetado. Depois de estudar uma comunicação ótica simples de espaço livre, o investigador concluiu que um sinal que afecta o canal durante o processo de comunicação, se puder ser amplificado por qualquer meio, será eficaz. Depois desta ideia, o investigador arranjou um dispositivo que gera a cópia do sinal e cada sinal contém os mesmos dados, pelo que, depois de amplificar o sinal que tem o melhor nível de potência, este sinal será selecionado e enviado para o recetor. Como sabemos, diferentes sistemas têm diferentes comprimentos de onda que afectam o alcance da visibilidade e também o desempenho do sistema. Depois de estudar tantos documentos, o autor ficou com a ideia de que esta desvantagem, se pudermos evitar a comunicação ótica no espaço livre, será o sistema de comunicação mais eficaz para longo alcance e também muito útil para utilização futura. Além disso, o investigador realizou este fenómeno em diferentes condições meteorológicas.

Os principais objectivos da presente tese são os seguintes

- . Estudo do desempenho de comunicações ópticas simples em espaço livre em diferentes condições atmosféricas.

- Para reduzir o fator atmosférico e aumentar o comprimento do sistema de comunicação, estudar também o comportamento do desempenho utilizando o fator de qualidade da taxa de erro de bits com a ajuda do diagrama de olho
- Para aumentar o desempenho da comunicação ótica no espaço livre, a técnica nova e mais eficaz utilizada é a técnica MIMO e reduz as diferentes condições atmosféricas.
- Conceber um sistema FSO útil para qualquer tipo de situação meteorológica. Para atingir este objetivo, em primeiro lugar, temos de fazer um pequeno inquérito sobre as condições meteorológicas numa determinada zona e, em seguida, testá-lo em diferentes condições meteorológicas.

1.4 Contribuição original

- Medir o desempenho de um sistema simples de comunicação ótica no espaço livre que fornece dados elevados e como funciona com os factores atmosféricos incluídos. Após análise, concluiu-se que não é possível ir além de 1 quilómetro se aumentarmos o alcance, a mensagem será atenuada. Utiliza-se aqui a técnica de otimização para reduzir a atenuação e aumentar o desempenho.
- A técnica de otimização permite reduzir a atenuação e aumentar o comprimento de onda e o alcance através de cálculos matemáticos, o autor dá a ideia de que é possível aumentar o comprimento de onda
- A técnica MIMO é utilizada para transmitir o sinal de um local para outro de forma eficiente, sem afetar os parâmetros do sinal de transmissão.
- O cálculo de todo o sistema será efectuado com base na quantidade de energia utilizada e na quantidade de dados que podem ser visíveis de uma só vez. Uma vez que os diferentes locais têm condições atmosféricas diferentes, não é possível fixar o orçamento para este sistema em locais diferentes, o custo será diferente, porque em áreas diferentes o comprimento de onda e as condições do sinal são diferentes, pelo que não será o mesmo em todos os locais. Ao analisar todos os parâmetros, chegamos à conclusão desta técnica de otimização.

1.5 Organização da tese-

Este documento contém um total de quatro capítulos em que o capítulo 1 explica a introdução da comunicação ótica no espaço livre e dá ideias básicas sobre o tema. No capítulo 2 explica detalhadamente a comunicação ótica no espaço livre e também o seu efeito em todo o sistema, quantos factores existem que afectam o sinal, os principais factores são as condições atmosféricas e as áreas geométricas. No capítulo 3, o autor estuda uma comunicação ótica simples no espaço livre que fornece uma taxa de dados elevada e, no último capítulo, o autor utiliza uma técnica própria, como a técnica de otimização, e explica como este desempenho difere de uma comunicação ótica simples no espaço livre e quais são os efeitos do erro durante a transmissão.

Referências

[1] Arun K. Majumdar e Jennifer C. Ricklin, Free-Space Laser Communications: Principles and Advances, (Springer, Nova Iorque 2008).

[2] Arun K. Majumdar, Advanced Free Space optics (FSO): A Systems Approach, (Springer, Nova Iorque 2015).

[3] Scott Bloom, Eric Korevaar, John Schuster e Heinz Willebrand, "Understanding the performance of free-space optics [Invited]", Journal of optical networking, Vol. 2, No. 6, pp. 178-200, junho de 2003.

[4] F. E. Goodwin, "A review of operational laser communication systems", Proceedings of IEEE, Vol. 58, pp.1746-1752, outubro de 1970.

[5] Hennes Henniger e Otakar Wilfert, "An introduction to free-space optical communications", Journal of Radio Engineering, Vol. 19, No. 2, pp. 203-212, 2010.

[6] Ateve Hranilovic, "Wireless Optical Communication Systems", Springer, eBook ISBN: 0-387-22785-7, 2005.

[7] H. Hemmati, "Interplanetary laser communications", Optics and Photonics News, Vol. 18, pp. 22-27, Nov. 2007.

[8] S. Zoran, F. Bernhard e L. Hanspeter, "Free-space laser communication activities in Europe: SILEX and beyond", IEEE Lasers and Electro-Optics Society (LEOS), 19th Annual Meeting, pp. 78-79, outubro de 2006.

[9] Z. Sodnik, B. Furch e H. Lutz, "Free-space laser communication activities in Europe: SILEX and beyond", 19.ª Reunião Anual da Sociedade de Lasers e

Electro-ótica do IEEE 2006, pp. 78-79, outubro de 2006.

[10] A. Biswas e W. H. Farr, "Detectors for ground based reception of laser communication from Mars. Lasers and electro-optics society", The 17th Annual Meeting of References 13 the IEEE Lasers and Electro-Optics Society, 2004, Vol. 1, pp. 74-75, 7-11 de novembro de 2004.

[11] T. Jono, Y. Takayama, K. Ohinata, N. Kura, Y. Koyama, K. Arai, K. Shiratama, Z. Sodnik, A. Bird e B. Demelenne, "Demonstrations of ARTEMIS-OICETS inter-satellite laser communications", em 24th AIAA International Communications Satellite Systems Conference, San Diego, EUA. Reston: AIAA, pp. 5461, 2006.

[12] R. Lange e B. Smutny, "Homodyne BPSK-based optical inter-satellite communication Links", In Proceedings of the SPIE, Free-Space Laser Communication Technologies, San Jose (EUA), Vol. 6457, 645 703, pp. 1-9, 2007. [13] G. Hansel e E. Kube, "Simulation in the Design Process of Free Space Optical Transmission Systems", Proc. 6th Workshop, Optics in Computing Technology, Paderborn (Alemanha), pp. 45-53, 2003.

[13] S. Mohammad Navidpour, Murat Uysal e Mohsen Kavehrad, "BER Performance of Free-Space Optical Transmission with Spatial Diversity", IEEE Transactions on Wireless Communications, Vol. 6, No. 8, pp. 2813-2819, agosto de 2007.

[14] Z. X. Wang, et.al., "Performance comparison of different modulation formats over free-space optical (FSO) turbulence links with space diversity reception technique", IEEE Photonics Journal, Vol. 1, No. 6, pp. 277-

Capítulo 2

Comunicação ótica em espaço livre

2.1 Fundamentos das comunicações ópticas no espaço livre

Este capítulo inclui uma breve panorâmica sobre a comunicação ótica no espaço livre e discute os seus méritos, deméritos e utilizações. Aqui discutimos como a comunicação ótica no espaço livre seria afetada por diferentes condições atmosféricas. Matematicamente, estas condições podem ser classificadas como PDF, o que inclui a flutuação do sinal após a transmissão através do espaço livre. Existem alguns parâmetros com a ajuda dos quais podemos justificar a condição do sinal recebido, tais como a taxa de erro de bits, a probabilidade de sombreamento e a margem máxima da classe de sinal. Incluiu a forma como o sistema de comunicação ótica de espaço livre pode ser mais útil em termos de comunicação a longa distância e menor taxa de BER.

2.2 Caraterísticas do FSO

A comunicação ótica em espaço livre é a tecnologia que permite transferir dados de um local para outro com a ajuda de radiação ótica. O sinal utilizado na modulação móvel pode ser modulado com base na alteração da frequência de fase e da intensidade da portadora ótica. Porque a comunicação ótica em espaço livre se baseia totalmente na linha de visão, não sendo necessárias distracções para obter uma boa intensidade de sinal. Após análise, verificámos que a comunicação RF utilizada anteriormente não é adequada para a comunicação ótica no espaço livre. Porque na comunicação ótica em espaço livre não há necessidade de canal de licença para permitir uma elevada taxa de dados, pelo que também não há necessidade de um longo comprimento de cabo de fibra ótica

Perto de utilizar o diagrama de blocos, discutiremos os elementos básicos que compõem a comunicação ótica no espaço livre. Esta comunicação ótica no espaço livre tem três partes básicas: o transmissor, o recetor e o canal do transmissor enviam o sinal de um local para outro através de um canal. O transmissor consiste numa fonte ótica e o modulador é também um modulador NRZ. Utilizando a fonte ótica, como o laser LED e outras fontes ópticas, enviamos um sinal fotónico que vai para o modulador NRZ ou RZ, que converte este sinal fotónico em sinal elétrico e, em seguida, utilizando o modulador de género Max, modula o sinal e envia-o pelo canal.

Como sabemos, no canal existem muitas perturbações que afectam a intensidade do sinal, mas mesmo assim o sinal viaja através deste espaço livre e depois é enviado para o recetor.

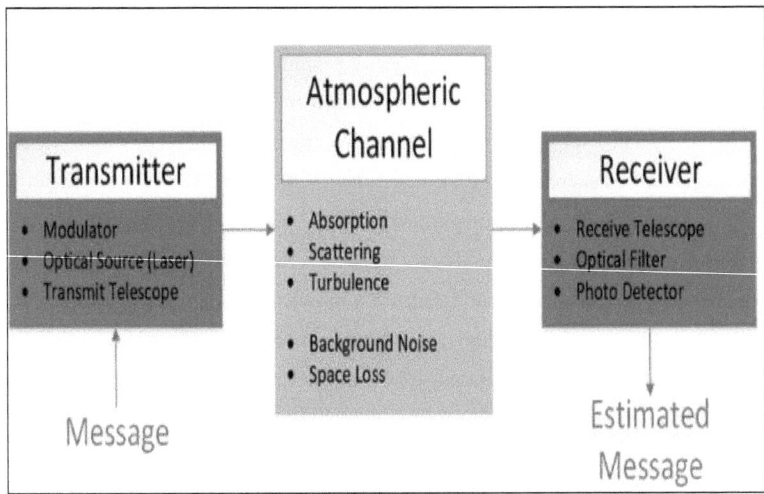

Figura 2.1 Vista de uma comunicação ótica em espaço livre

Como sabemos, no canal existem muitas perturbações que afectam a intensidade do sinal, mas mesmo assim o sinal viaja através deste espaço livre e é enviado para o recetor. O sinal que atravessa a atmosfera é altamente atenuado devido a vários factores, como nevoeiro, chuva forte, etc. Com a ajuda de um diagrama, vamos analisar todas as partes deste sistema de comunicação de base. No recetor, utiliza-se um recetor ótico que recebe o sinal proveniente do emissor e o envia para dois filtros ópticos. O filtro ótico tenta fazer passar apenas os sinais do comprimento de onda de que necessitamos e bloqueia outros sinais indesejados. No recetor, utiliza-se um dispositivo de medição que permite calcular os parâmetros do sinal de receção, como o analisador BER, para analisar a taxa de erro de bits, o fator Q e outros parâmetros de transmissão.

2.3 Diagrama de blocos básico das comunicações ópticas no espaço livre

O diagrama de blocos acima mostra o diagrama de base das comunicações ópticas no espaço livre, onde se pode ver o fluxo de dados desde a entrada até à saída através de um canal de espaço livre. Estes factores limitadores são os seguintes: nevoeiro (atenuação de 10 a ~100 dB/km), dispersão do feixe, absorção atmosférica, chuva, neve, cintilação terrestre, interferência de fontes de luz de fundo (incluindo o sol), sombreamento, estabilidade do apontamento ao vento, poluição / smog

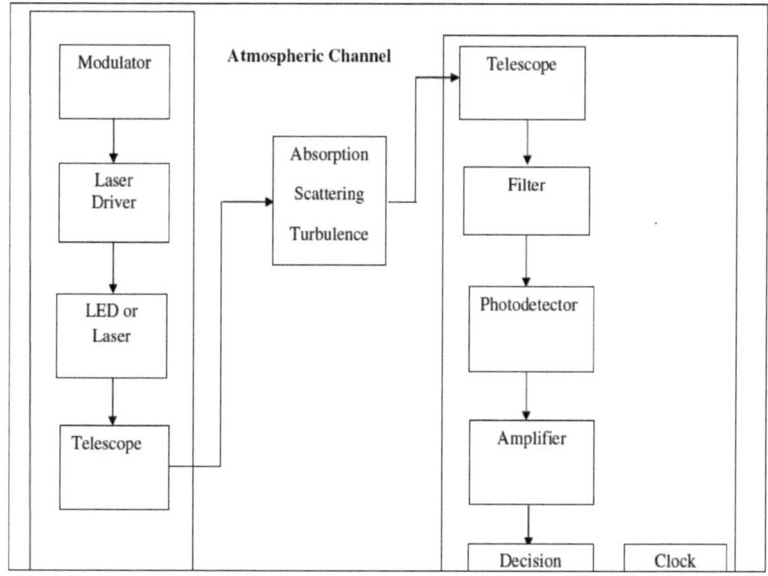

Figura 2.2 Diagrama de blocos do FSO

O diagrama de blocos acima mostra o diagrama básico de comunicação ótica em espaço livre. Aqui podemos ver o fluxo de dados da entrada para a saída de dados através de um canal de espaço livre. Quando os dados passam da entrada para a saída, existem diferentes tipos de factores de atenuação que provocam uma fraca intensidade do sinal. Estes factores limitadores são os seguintes: nevoeiro (atenuação de 10 a ~100 dB/km), dispersão do feixe, absorção atmosférica, chuva, neve, cintilação terrestre, interferência de fontes de luz de fundo (incluindo o sol), sombreamento, estabilidade do apontamento ao vento, poluição / smog

2.3.1 Fontes e detectores ópticos

A gama global de comprimentos de onda das fontes ópticas e dos detectores situa-se entre 700 e 10000 NM. O valor de atenuação é inferior a 0,2 DB por km disponível durante a transmissão do sinal através da atmosfera. As comunicações ópticas no espaço livre funcionam principalmente entre 782 850 NM e 1522 1600 NM. Alguns dos detectores, como o fotodíodo de avalanche e o VCSEL, funcionam ambos em 850 e NM. Há um tipo especial de APD que funciona em 850 NM a maior parte do tempo e é muito sensível chamado silicon AP D silicon epi d tem uma polaridade e off de amplificação interna devido a estes dispositivos são tão sensíveis. E também os detectores fotográficos avançados são mais caros do que os lasers. Existem detectores que funcionam corretamente em UPTU 10 Gbps quando o comprimento de onda utilizado se situa entre 1300 nm e 1500 nm. Existem alguns tipos especiais de detetores, como o laser distribuído em leito de semente e os lasers FP, que funcionam com alta densidade de potência. A velocidade destas medidas também é mais elevada. Na nova era, a gama de janelas de 1550 nm é mais útil do que outras porque diminui os factores de espera, como a dispersão do fundo solar, e é mais compatível com os dispositivos de multiplexagem por divisão do comprimento de onda. Além disso, quando se utiliza a janela de 1522 a 1600 NM, a potência transmitida é 60 a 65 vezes superior à de uma janela de menor comprimento de onda. Os comprimentos de onda mais longos não são prejudiciais e podem ser utilizados em modo de segurança. Na comunicação por fibra ótica, um dispositivo constituído por arsenieto de índio e gálio é amplamente utilizado como detetor. Existem muitos lasers morais com boas caraterísticas, mas não podemos utilizá-los para fins quotidianos porque são muito dispendiosos. Os detectores que são utilizados em gamas mais elevadas, como os micrómetros, não são muito afectados por quaisquer factores de espera. Se trabalharmos na gama de infravermelhos, só há uma solução para selecionar o dispositivo, que é o LED, que é uma fonte de luz não corrente

2.3.2 Moduladores

O modulador é também a parte mais importante da ligação de comunicação que é utilizada para transformar os dados em ondas EM através da adição de um sinal portador elétrico ou ótico. Este sinal portador que é adicionado durante a modulação é constante em todo o percurso, como a altura, a amplitude e a frequência. Este processo funciona corretamente, alterando os parâmetros do sinal, como a amplitude, a frequência e a resolução total do sinal ótico. A modulação é basicamente uma técnica que se aplica às comunicações ópticas ou por ondas de rádio e às redes informáticas. A modulação é uma das técnicas que mais se aplica às comunicações ópticas e às redes informáticas. Há um caso especial que se designa por modulação em banda base. A modulação em banda base é uma mensagem de resposta que detecta o dispositivo ligado e não pode ser controlada à distância. No circuito, existem diferentes tipos de moduladores, mas estamos a utilizar o modulador Mach zehnder, que modula o sinal recebido do laser e depois o envia. Basicamente, este modulador é utilizado para controlar os parâmetros do sinal ótico.

2.3.3 Parâmetros de transmissão

Existem alguns parâmetros que limitam a comunicação ótica no espaço livre durante o processo de transmissão. A comunicação ótica no espaço livre é muito fácil e útil, mas como aqui o meio do canal que consideramos é o espaço livre, quando a luz passa através dele com a mensagem, existem algumas dificuldades ambientais que são naturais e que não podemos evitar. Na nossa atmosfera, existem algumas regiões, uma das quais é a região do quadrado adequado. Nesta região, ocorre a maior parte das actividades relacionadas com o fenómeno atmosférico. Este fenómeno provoca erros na receção do sinal. Existem alguns parâmetros de transmissão que são discutidos brevemente

- **Obstruções físicas:** no ambiente físico, durante a transmissão, alguns dos obstáculos, como árvores, edifícios altos, aviões e pássaros, bloqueiam o sinal por um período de tempo temporário e, em seguida, ficam entre a linha de visão da transmissão.
- **Cintilação**: é o fator que causa a variação de temperatura na atmosfera devido a muitas razões, como a variação de temperatura reproduzida por meios, etc. Estas variações de temperatura criam ruído no sinal de receção, pelo que o sinal recebido fica ruidoso.
- **Perdas geométricas:** as perdas geométricas, que podem ser designadas por atenuação do feixe ótico, são induzidas devido ao espalhamento do feixe e reduzem o nível de potência do sinal à medida que este viaja da extremidade transmitida para a extremidade recetora.
- **Absorção:** a absorção é causada pelas moléculas de água que estão suspensas na atmosfera terrestre. A potência dos fotões seria absorvida por estas partículas. A densidade de potência do feixe ótico é reduzida e a disponibilidade da transmissão num sistema FSO é diretamente afetada pela absorção. O dióxido de carbono pode também provocar a absorção do sinal.
- **Turbulência atmosférica:** a perturbação atmosférica ocorre devido à

estrutura do tempo e do ambiente. É causada pelo vento e pela convecção que misturam as parcelas de ar a diferentes temperaturas. Isto provoca flutuações na densidade do ar e leva à alteração do índice de refração do ar. O tamanho da escala da célula de turbulência pode criar diferentes tipos de efeitos, que são apresentados a seguir e que serão dominantes:

- **Atenuação atmosférica:** a atenuação atmosférica resulta normalmente do nevoeiro e da neblina. Depende também da poeira e da chuva. Supõe-se que a atenuação atmosférica depende do comprimento de onda, mas isso não é verdade. A neblina depende do comprimento de onda. A atenuação a 1550 nm é menor do que a de outros comprimentos de onda em condições meteorológicas de nevoeiro [11]. A atenuação em condições meteorológicas de nevoeiro é independente do comprimento de onda.
- **Dispersão:** os fenómenos de dispersão ocorrem quando o feixe ótico e a dispersão colidem. Trata-se de um fenómeno dependente do comprimento de onda, em que a energia do feixe ótico não é alterada.

2.2.4 Filtro

É utilizado na secção do recetor para reduzir o sinal indesejado que é adicionado como ruído no canal.

2.4 Resumo

Neste capítulo, falei sobre a tecnologia FSO. Para compreender os pormenores da comunicação ótica no espaço livre, começa-se por descrever um diagrama de blocos da comunicação ótica no espaço livre, que mostra como o processo de comunicação flui e quantos blocos ocorrem. Em seguida, expliquei também os factores que afectam a transmissão da mensagem. São muitos os factores, como a chuva, os obstáculos, etc., que criam a atenuação. Por fim, estudam-se alguns parâmetros como BER, fator q e probabilidade de desvanecimento, etc.

Referências:

[1] Hennes Henniger e Otakar Wilfert, "An introduction to free-space optical communications", Journal of Radio Engineering, Vol. 19, No. 2, 2010.

[2] Arun K. Majumdar e Jennifier C. Ricklin, "Free space Laser Communications: Principles and advances" , Springer, ISBN-13: 978-0-387-28652-5, 2008.

[3] Steve Hranilovic, "Wireless Optical Communication Systems", Springer, eBook ISBN: 0-387-22785-7, 2005.

[4] Z. Ghassemlooy e W. O. Popoola, Terrestrial Free-Space Optical Communications, ch. 17, pp. 356-392, InTech, 2010. 17, pp. 356-392, InTech, 2010.

[5] Mohammad Ali Khalighi e Murat Uysal, "Survey on Free Space Optical Communication: A Communication Theory Perspective", IEEE Communication Surveys & Tutorials, Vol. 16, No. 4 , pp 2231-2258, 2014.

[6] Haim Manor e Shlomi Arnon, "Performance of an optical wireless communication system as a function of wavelength", Applied Optics, Vol. 42, No. 21, pp. 4285-4294, julho de 2003.

[7] G. Hansel e E. Kube, "Simulation in the Design Process of Free Space Optical Transmission Systems", Proc. 6th Workshop, Optics in Computing Technology, Paderborn (Alemanha), pp. 45-53, 2003.

[8] Scott Bloom, Eric Korevaar, John Schuster e Heinz Willebrand, "Understanding the performance of free-space optics [Invited]", Journal of optical networking, Vol. 2, No. 6, pp. 178-200, junho de 2003.

[9] W. Popoola, Z. Ghassemlooy, M. S. Awan, e E. Leitgeb Piteti, "Atmospheric Channel Effects on terrestrial free space optical communication link", ECAI 2009 - International Conference 3rd Edition, pp. 17-23, 2009.

[10] Maha Achour, S. Hwy e S. Beach, "Free-Space Optics Wavelength Selection: 10μ Versus Shorter Wavelengths", UlmTech, Inc., pp. 1-15.

[11] Muhammad Saleem Awan, Laszlo Csurgai Horwath, Sajid Sheikh Muhammad, Erich Leitgeb, Farukh Nadeem e Muhammad Saeed Khan, "Characterization of Fog and Snow Attenuations for Free-Space Optical Propagation", Journal of Communication, Vol. 4, No. 8, pp. 533-545, 2009.

[12] Harilaos G. Sandalidis, Theodoros A. Tsiftsis, George K. Karagiannidis e Murat Uysal, "BER Performance of FSO Links over Strong Atmospheric Turbulence Channels with Pointing Errors", IEEE Communication letters, Vol.12, No. 1, pp. 44-46, 2008.

[13] Eric Wainright, Hazem H. Refai e James J. Sluss, "Wavelength Diversity in Free- Space Optics to Alleviate Fog Effects", Free-Space Laser Communication Technologies XVII, editado por G. Stephen Mecherle, Proceedings of SPIE, Vol. 5712, pp.110-118, 2005.

[14] Mehdi ROUISSAT, A. Riad BORSALI e Mohammad E. CHIKH-BLED, "Free Space Optical Channel Characterization and Modeling with Focus on Algeria Weather Conditions", I. J. Computer Network and Information Security, Vol.4, No. 3, pp. 17-23, abril de 2012.

Capítulo 3
Desempenho da ligação FSO com elevado débito de dados

3.1 Introdução

No capítulo anterior, estudámos brevemente a comunicação ótica no espaço livre e todos os parâmetros relacionados com os seus méritos e deméritos. Neste capítulo, verificamos como o desempenho da comunicação ótica em espaço livre é afetado por uma taxa de dados elevada. Esta configuração de comunicação ótica foi concebida para obter um débito elevado de dados, que pode atingir 10 Gbps. Aqui é explicada uma rede simples de comunicações ópticas no espaço livre, cujo comprimento de onda utilizado é 1500. O gerador de impulsos NRZ é utilizado para converter os bits em sinal elétrico, seguido do modulador Mach zehnder. Este sistema de comunicação fornece uma largura de banda elevada e uma taxa de bits elevada para longo alcance. Mas há um fator importante que afecta o desempenho: o fator atmosférico, como a chuva, quaisquer obstáculos, etc. Neste capítulo, aborda-se a forma como este fator pode ser minimizado e que alterações podem ser feitas através da análise do comportamento. Em seguida, estuda-se o fator q, a taxa BER, a perda de potência e a SNR.

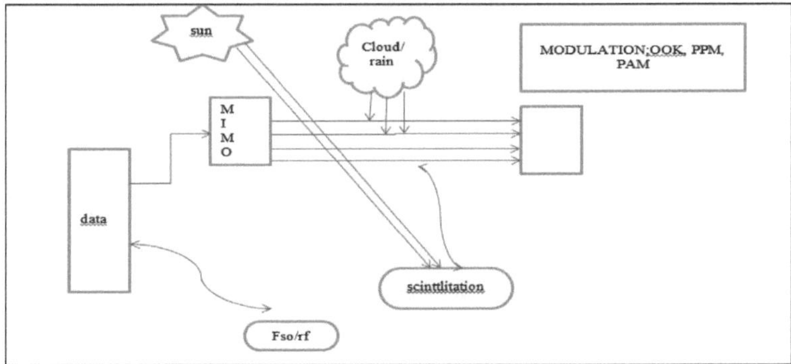

Figura 3.1 Vista da comunicação ótica em espaço livre

A comunicação ótica em espaço livre baseia-se totalmente na linha de visão, não sendo necessárias distracções para obter uma boa intensidade de sinal. Após análise, verificámos que a comunicação RF anteriormente utilizada não é adequada para a comunicação ótica no espaço livre. Com efeito, na comunicação ótica no espaço livre, não é necessário um canal sem licença para permitir um débito de dados elevado, pelo que não é necessário um cabo de fibra ótica de grande comprimento.

Perto de utilizar o diagrama de blocos, discutiremos os elementos básicos que compõem a comunicação ótica no espaço livre. Esta comunicação ótica no espaço livre tem três partes básicas: o transmissor, o recetor e o canal do transmissor enviam o sinal de um local para outro através de um canal. O transmissor consiste numa fonte ótica e o modulador é também um modulador NRZ. Utilizando a fonte ótica, como o laser LED e outras fontes ópticas, enviamos um sinal fotónico que vai para o modulador NRZ ou RZ, que converte este sinal fotónico em sinal elétrico e, em seguida, utilizando o modulador de género Max, modula o sinal e envia-o pelo canal.

Como sabemos, existem muitas perturbações no canal que afectam a intensidade do sinal, mas mesmo assim o sinal percorrerá este espaço livre e será enviado para o recetor. Como sabemos, no canal existem muitas perturbações que afectam a intensidade do sinal, mesmo assim o sinal percorrerá este espaço livre e será enviado para o recetor. O sinal que atravessa a atmosfera é altamente atenuado devido a vários factores, como nevoeiro, chuva forte, etc. Com a ajuda de um diagrama, vamos analisar todas as partes deste sistema de comunicação de base. No recetor, utiliza-se um recetor ótico que recebe o sinal proveniente do transmissor e envia-o para dois filtros ópticos. O filtro ótico tenta fazer passar apenas o comprimento de onda de que necessitamos e impede outros sinais indesejados.

3.2 Arquitetura do sistema ótico

Esta é a arquitetura de base da comunicação ótica quando o processo de comunicação se processa no espaço livre. Com este diagrama de blocos, podemos saber como se processa o fluxo de dados durante a comunicação e quais os dispositivos utilizados para o efeito.

O diagrama de blocos abaixo apresenta a forma sistemática como se processa esta técnica de otimização. Existe um PRBS que serve para gerar o número de bits e depois estes bits são enviados para o gerador de impulsos NRZ, que os converte em sinais eléctricos. Um laser CW também é utilizado para fornecer energia ao sistema, que é ligado ao modulador. Este modulador também recebe o sinal elétrico e modula-o com a ajuda do modulador. São utilizados três tipos de visualizadores que mostram o comportamento do sinal antes e depois da transmissão. Agora, utilizando o canal ótico de espaço livre, envia-se este sinal modulado para o recetor através do canal. Na extremidade do recetor, um

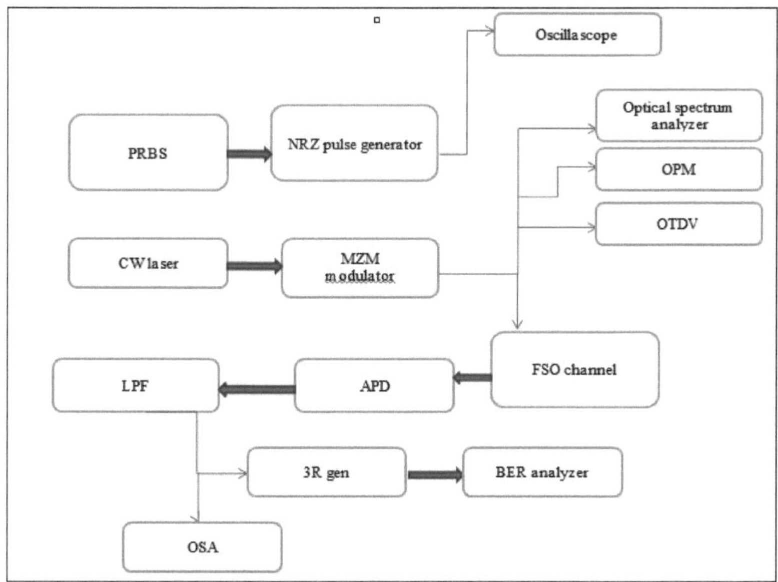

Figura 3.2 Arquitetura básica das comunicações ópticas no espaço livre

e um filtro passa-baixo que bloqueia as frequências baixas e deixa passar apenas as frequências pretendidas. Em seguida, o sinal é enviado para o fotodetector APD (fotodíodo de avalanche) para converter os sinais ópticos em sinais eléctricos. As caraterísticas do fotodetector APD são apresentadas no quadro seguinte. Assim, a informação dos dados pode ser utilizada. Em seguida, o sinal é enviado para um filtro de Bessel passa-baixo para obter apenas os dados e eliminar o ruído. As caraterísticas do filtro de Bessel passa-baixo são apresentadas na tabela seguinte. O gerador 3R é ligado após o filtro de Bessel passa-baixo para obter a maior parte dos dados exactos e, por fim, o analisador BER é ligado para analisar o diagrama ocular, o fator Q máximo e o BER mínimo.

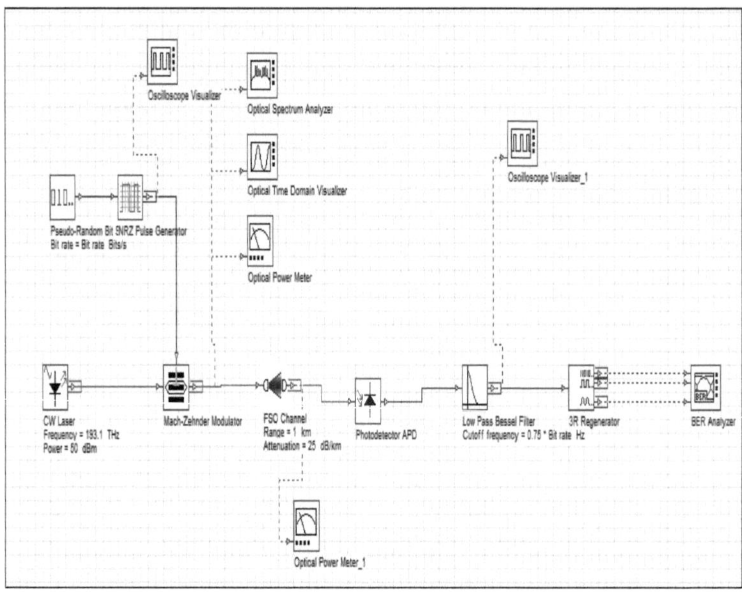

Figura 3.3 Conceção do sistema de comunicações ópticas no espaço livre

Na conceção do sistema de modulação autofásica acima apresentada, um gerador de sequência de bits definido pelo utilizador com uma taxa de bits de 40 Gb/ps é ligado em primeiro lugar ao gerador de impulsos gaussianos ópticos com uma frequência de 1552 nm e uma potência de 150 mW. A taxa de bits mais elevada do gerador é utilizada porque se pretende analisar a taxa de dados a alta velocidade. Este gerador de impulsos gaussianos ópticos é ainda ligado a uma fibra ótica de 100 km. As caraterísticas da fibra ótica são apresentadas no quadro seguinte. No lado do recetor, há um recetor ótico com uma frequência de corte de 0,75*bit rate que recebe o sinal ótico e o converte em sinal elétrico para o analisador BER. Também são utilizados analisadores de espetro ótico, um ligado ao gerador de impulsos gaussianos ópticos e o outro ligado à extremidade da fibra ótica. A taxa de bits mais elevada do gerador é utilizada porque se pretende analisar a taxa de dados de alta velocidade. Este gerador de impulsos gaussianos ópticos é ainda ligado a uma fibra ótica de 100 km. As caraterísticas da fibra ótica são apresentadas no quadro seguinte. No lado do recetor, há um recetor ótico com uma frequência de corte de 0,75*bit rate que recebe o sinal ótico e o converte em sinal elétrico para o analisador BER. Também são utilizados analisadores de espetro ótico, um ligado ao gerador de impulsos gaussianos ópticos e o outro ligado à extremidade da fibra ótica. Estes são os componentes utilizados na conceção do sistema de comunicação por fibra ótica para a modulação autofásica.

Quadro 3.1 Caraterísticas do canal de **espaço livre**

Parâmetros	**Valores**
Comprimento de onda de referência	1550 nm
Comprimento	1 km
Atenuação	25 db/km
Diâmetro da abertura do transmissor	5 cm
Diâmetro da abertura do recetor	20 cm

Em seguida, procede-se à simulação do desenho efectuado no esquema. O sistema de comunicação ótica para modulação autofásica funciona da seguinte forma. O gerador de sequências de bits definidas pelo utilizador gera os bits definidos pelo utilizador com uma taxa de bits de 40 Gb/ps. Estes bits são depois enviados para o gerador de impulsos gaussianos ópticos com a frequência de 1552nm e a potência de 150mW. Os bits são sobrepostos com o laser, tal como acontece quando os dados são enviados através da luz laser; do mesmo modo, os bits seguintes são aqui fundidos com a luz laser. Assim, podem viajar facilmente no núcleo da fibra ótica.

Agora, o sinal está pronto para ser transmitido no meio, ou seja, no núcleo da fibra ótica. Neste ponto, quando a fibra ótica é iniciada, é ligado um analisador do espetro ótico para ver o espetro do sinal ótico de entrada. Depois de a fibra ótica terminar no recetor ótico, liga-se de novo um analisador do espetro ótico para ver o espetro do sinal ótico de saída, de modo a poder comparar posteriormente. As caraterísticas do recetor ótico são apresentadas a seguir. Neste recetor ótico, o sinal ótico proveniente da fibra ótica é convertido em sinal elétrico. Em seguida, liga-se o analisador BER, que mostrará o diagrama de olho, o fator Q máximo e o BER mínimo.

Quadro 3.2 Caraterísticas do fotodetector APD

Parâmetros	**Valor**
Fotodetector	APD

Ganho	3
Rácio de ionização	0.9
Responsividade	1 A/W
Corrente escura	10 Na
Frequência de corte	0,75 * (Taxa de bits) Hz
Perda de inserção	0 dB
Profundidade	100 dB
Encomendar	4

Tabela 3.3 Caraterísticas do filtro passa-baixo de Bessel

Parâmetros	**Valores**
Frequência de corte	0,75 * (Taxa de bits) Hz
Perda de inserção	0 dB
Profundidade	100 dB
Encomendar	4

3.4 Resultados e discussão

O efeito da comunicação ótica no espaço livre no seguinte analisador de espetro ótico que mostra tanto o sinal s, um sinal de transmissão e depois de viajar no espaço livre como ele muda os parâmetros, usando diagrama de olho.

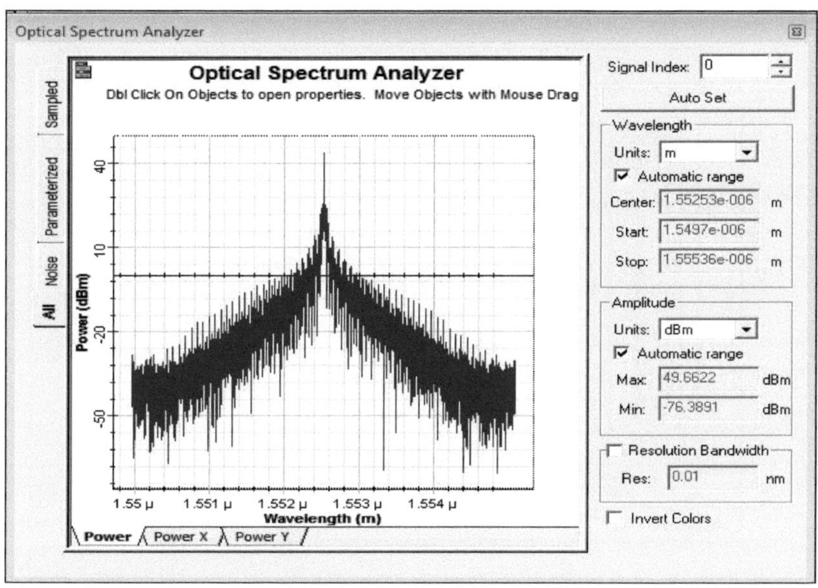

Figura 3.4 Sinal de entrada no transmissor

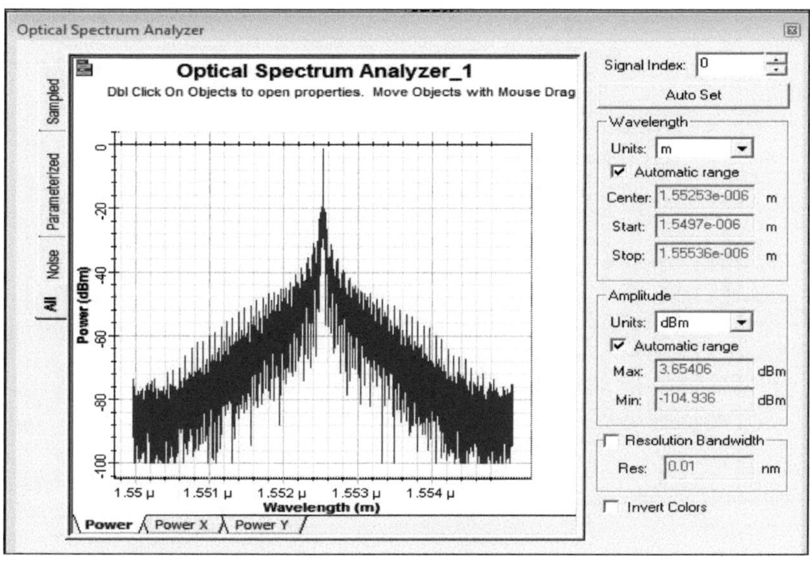

Figura 3.5 Sinal de saída no recetor

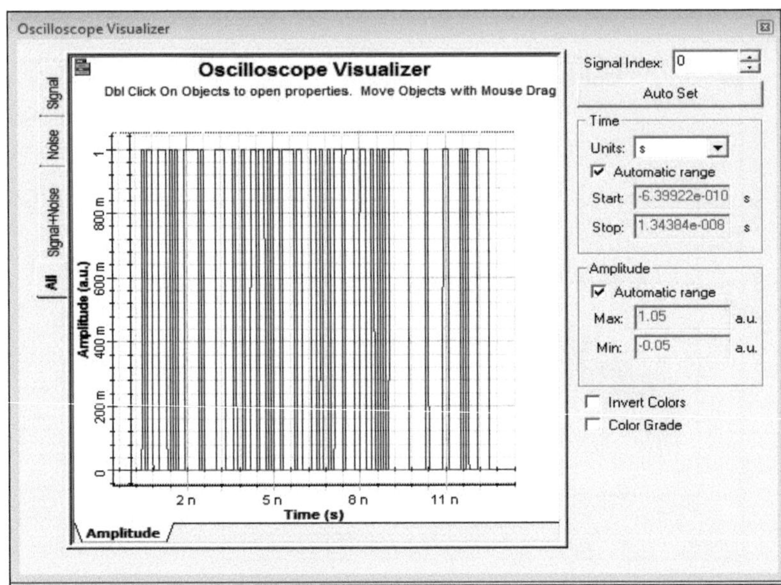

Figura 3.6 Impulso NRZ no transmissor

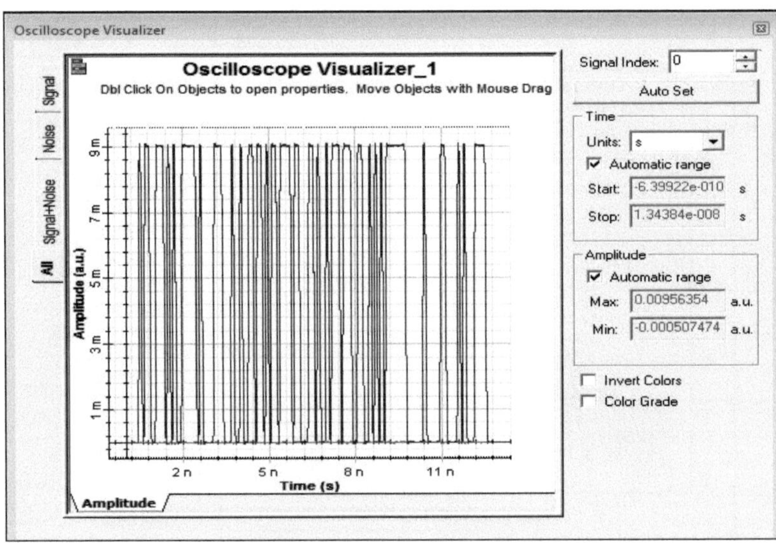

Figura 3.7 Impulso NRZ no recetor

Depois de analisar o FSO simples para estudar o comportamento, discutiremos aqui alguns parâmetros como A simulação é feita no software usando o sistema opt o resto do papel mostrando as seguintes partes no primeiro veremos o que é os problemas podem ser possivelmente ocorre na comunicação de espaço livre e como são o método eficiente para superar esses problemas. Na secção dois, estudamos a conceção do sistema e ficamos a conhecer os parâmetros que podem ser alterados. Na secção três, são apresentados os resultados e os gráficos após a simulação. Utilizamos o software e, a partir daí, estudamos mais utilizando o software e mostrando os diferentes gráficos juntamente com BER e diagrama de olho.

Aqui podemos ver os dois diagramas oculares em diferentes condições atmosféricas, há muito ruído no diagrama ocular recebido, e tem sido eficaz quando o nível de potência da fonte laser aumenta.

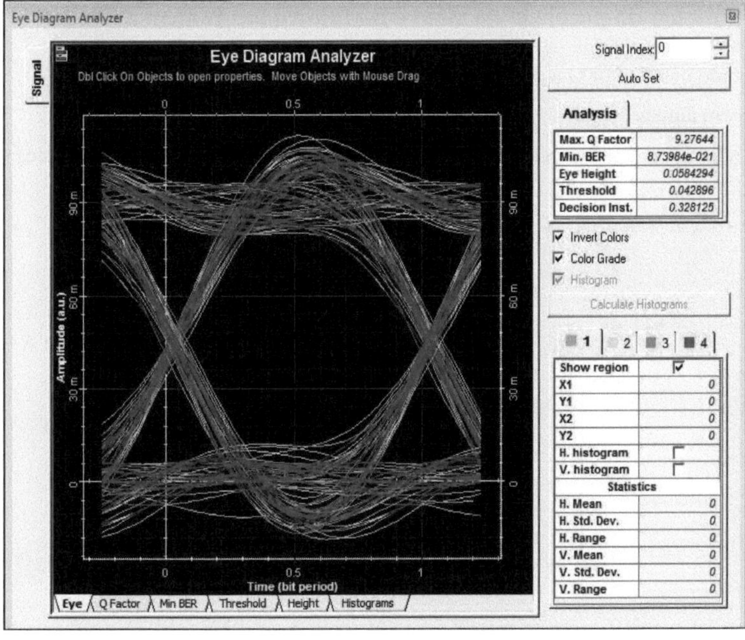

Figura 3.8 Diagrama de olho em mau tempo

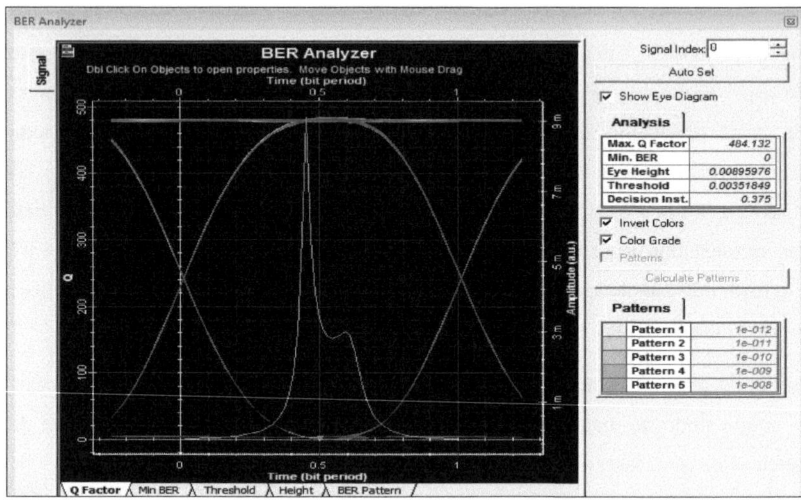

Figura 3.9 Diagrama de olho para taxa de dados elevada

3.5 Cálculo da potência do sinal e do fator q em função da gama

É sabido que o fator Q e a potência do sinal diminuem em função da distância. Existem alguns cálculos apresentados com a ajuda do optisystem sob a forma de gráficos que analisam o efeito do fator Q e da potência do sinal em função do alcance.

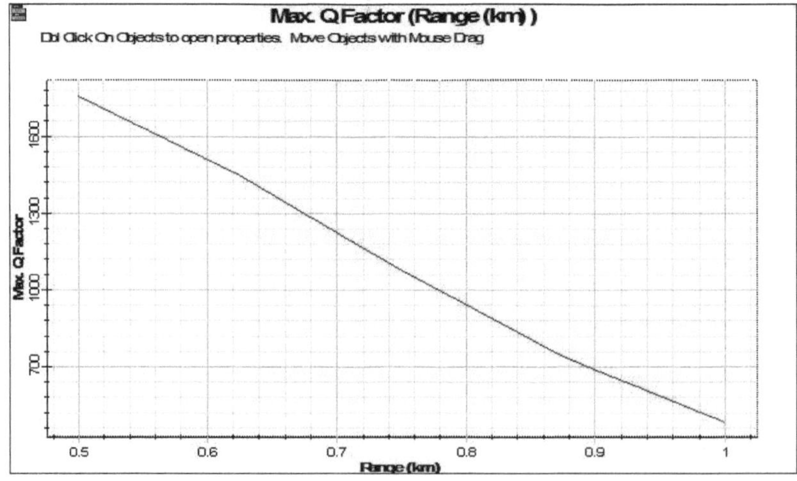

Figura 3.10 Gama versus fator Q máximo

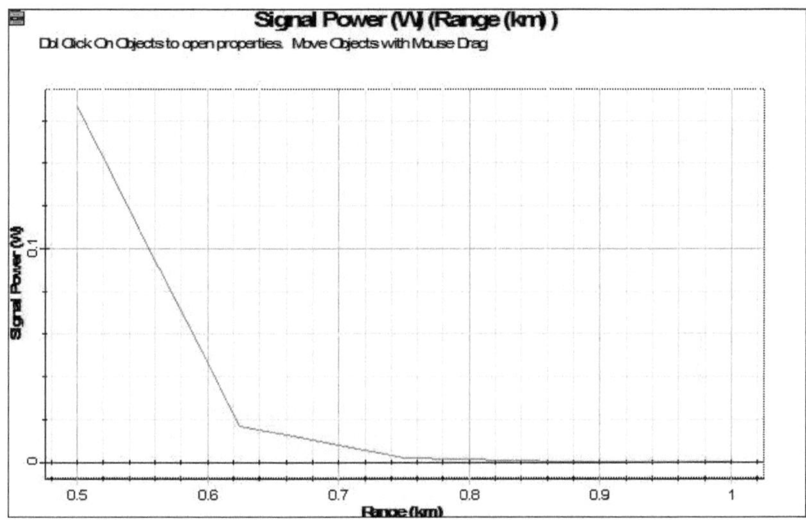

Figura 3.11Alcance versus potência do sinal

3.6 Conclusão

Este sistema de comunicação ótica de espaço livre foi concebido com um circuito simples para uma elevada taxa de dados. Este circuito foi optimizado e simulado para diferentes taxas de dados em diferentes condições atmosféricas. Aqui mostramos apenas uma distância de um km, mas quando se chega à conclusão de que esta é a distância em que a melhor saída obtida. O laser aqui utilizado tem a propriedade de diminuir a divergência da luz e torná-la estreita, o que permite acoplá-la facilmente à fibra ótica e passá-la facilmente para o comprimento de 1 km, o fator q obtido é 484,23 e o BER obtido é 0. Após a otimização de todos os dados, podemos concluir que este sistema pode proporcionar uma taxa de dados elevada.

Referências:

[1] K. C. Kao e G. A. Hockam, "Dielectric fiber surface wave guides for optical frequancy", proceeding of IEE, vol. 133, pp. 1151-1158, (1996).

[2] Kapron F. P. et. al., "Maximum Information capacity of Fiber Optic Waveguide", IEE Electron Lett., No. 13, pp. 69-76, (1977).

[3] John Wiley & Sons, "Fiber-Optic Communications Systems", Terceira Edição, (2002).

[4] Amemiya, M., "Pulse Broadening due to Higher Order Dispersion and its Transmission Limit", Journal of Lightwave Technology, Vol. 20, No. 4, pp. 591-597, (2002).

[5] Ghassemlooy, Z. e Popoola, W.O., "Terrestrial Free-Space Optical Communications", em Mobile and Wireless Communications: Network layer and circuit level design, pp. 355-391, 2010.

[6] S. Khare, N. Sahavam, "Analysis of Free Space Optical Communication System for Different Atmospheric Conditions & Modulation Techniques," in International Journal of Modern Engineering Research (IJMER), vol. 2, Issue. 6, pp. 4149-4152, Nov. 2012.

[7] Tejbir Singh Hanzra, Gurpartap Singh, "Melhoria do desempenho

[8] of Free Space Optical Communication," in International Journal of Applied Information Systems (IJAIS), vol. 2, pp. 7-11, maio de 2012.

[9] D. M. Forin, G. M. Tosi Beleffi, A.L.J. Teixeira, L.N. Costa, P.S. De Brito Andre, B. Geiger, E. Leitgeb, F. Nadeem, "Free Space Optical Technologies," in Trends of Telecommunications Technologies, pp. 257-296, 2010.

[10] P. Kumar, A. Tripathy, J. S. Roy, "Design and analysis of single mode photonic crystal fibers with zero dispersion and ultra low loss", International Journal of Electronics and Telecommunications, vol. 64, n.º 4, pp. 541-546, 2018.

[11] B. Pattnaik, P. K. Sahu, "Projeto de um sistema de comunicação ótica de espaço livre de alta taxa de bits empregando modulação QPSK", Int. J. Signal and Imaging Systems Engineering, Vol. 6, No. 1, pp. 3-8, 2013.

[12] P. Kumar, Rohan, V. Kumar, J. S. Roy, "Fibras de cristal fotónico dodecagonais com dispersão negativa e baixa perda de confinamento", Optik, vol. 144, pp. 363-369, 2017.

[13] Xiupu Zhang e Zhenqian Qu, "Noise Statistics in Optically Pre- Amplified DPSK Receivers with Optical Mach-Zehnder nterferometer Demodulation", Optical Society of America, (2005).

[14] Ijaz, M., Ghassemlooy, Z., Ansari, S., Adebanjo, O., Minh, H.L.,Rajbhandari, S. e Gholami, A. (2010) "Experimental investigation of the performance of different modulation techniques under controlled FSO turbulence channel", IEEE - 5th International Symposium on Telecommunications,Tehran, pp.59-64.

[15] Ghafour A. Mahdiraji & Edmond Z., "Comparison oF Selected Digital

Modulation Schemes (OOK, PPM and DPIM) for Wireless Optical Communications", IEEE Xplore, pp. 5-10, (2006).

[16] Xiang Yang &Yang Hechao, "The Application of OptiSystem in Optical Fiber Communication Experiments", Actas do Terceiro Simpósio Internacional de Ciência da Computação e Tecnologia Computacional, pp. 376-378, (2010).

[17] Srta. Preeti V. Murkute, Sr. A. H. Karode, "Implementação de sistemas de comunicação digital ótica coerente usando processador de sinal digital e FPGA", IJEBEA, pp. 89-94, (2014). Conferência Internacional sobre Sistemas Inventivos e Controlo (ICISC 2019) IEEE Xplore Part Number: CFP19J06-ART; ISBN: 978-1-5386-3950-4978-

Capítulo 4
Melhoria do desempenho do sistema FSO através da utilização da técnica MIMO

4.1 Introdução

O conceito de comunicação no espaço livre foi tomado em consideração depois de se ter verificado que as necessidades de dados do dia a dia estavam a aumentar. Mas o FSO não é um processo de comunicação tão fácil durante este processo, devido a muitos obstáculos, como as causas associadas à atmosfera, a expansão do sinal e a qualidade também diminuem devido à propagação multipercurso. todos estes parâmetros fazem com que a saída ruidosa não seja clara e a qualidade do sinal também diminui, uma vez que a energia utilizada também será desperdiçada.

Aqui neste artigo o outro vai mostrar a condição de FSO quando ele está usando transmissor único e recetor único lá ele encontra a maior parte das informações perdidas no próprio canal e, em seguida, ele estuda a tecnologia MIMO e acha mais útil do que SISO aqui MIMO utilizar a desvantagem propagação multipath como uma vantagem e qualidade de dados, mas há uma desvantagem de usar não de complexidade de hardware de antena aumenta para reduzir isso aqui vamos ver técnica de seleção de antena.

Atualmente, a tecnologia de ligação ótica em espaço livre é a tecnologia mais útil para a transmissão de dados através da luz e a luz passa através do espaço livre a uma velocidade muito elevada [1-2]. Devido ao facto de o espaço livre ser um meio, não há necessidade de qualquer cabo físico. O funcionamento do FSO e da fibra ótica é o mesmo. A FSO não é uma tecnologia recente, já existia nos últimos anos, mas agora, através de algumas alterações, funciona de forma mais eficiente. Consiste em dispositivos ópticos em ambas as extremidades e funciona como full duplex com elevada taxa de dados [3].

A principal vantagem do espaço livre é que não há necessidade de qualquer canal licenciado e é por essa razão que não há largura de banda limitada e grande aplicação.

Há muitas distorções que ocorrem devido aos diferentes tipos de índices de refração que provocam a irradiação na onda ótica. Andrews referiu que as distorções de pequena escala podem ser resolvidas através da utilização de modulação de grande escala.

Devido às diferentes medidas geométricas, há flutuações que provocam a perda de mensagens.

O autor efectuou o cálculo matemático da turbulência de uma gama muito grande de dados em comparação com uma gama pequena de dados. Estes cálculos são basicamente efectuados para a potência espetral e a distorção.

Atualmente, esta tecnologia [5] FSO é muito valiosa devido ao seu baixo custo e à cobertura de resíduos. Mas há também algumas desvantagens, como a turbulência no espaço livre, que causa a perda de informação, diminui a qualidade e reduz a taxa de dados. Os principais factores de dispersão que causam distorção são a propagação multipercurso, o desvanecimento e a dispersão de dados. Neste artigo, o principal objetivo do autor é tornar mais vantajosa a substituição da tecnologia SISO pela tecnologia MIMO. Depois de utilizar diferentes tipos de filtros, o autor mostra qual é o melhor filtro para reduzir as perdas. Os dois modelos básicos são - SISO, MIMO

4.1.1 Modelo de entrada única e saída única

Este modelo consiste numa única entrada e numa única saída, tanto para a receção como para a transmissão dos dados. O canal utilizado aqui é o espaço livre e, por isso, o multipercurso provoca a perda de sinal, o que constitui a maior desvantagem.

Figura 4.1 Diversidade SISO

Este sistema SISO é uma técnica para reduzir o ruído em FSO. Utiliza a técnica de diversidade onde o número de bits de transmissão é enviado simultaneamente.

Utiliza três técnicas principais

- Entrada múltipla e saída única
- Entrada única saída múltipla
- Entrada múltipla, saída múltipla

4.1.2 Entrada múltipla e saída única

Nesta técnica, há várias entradas no lado do transmissor e uma única saída no lado do recetor. Aqui vamos usar várias antenas no lado do transmissor para enviar os dados.

A partir da extremidade do transmissor, enviaremos os mesmos dados usando vários transmissores ao mesmo tempo, de modo que, em qualquer caso, devido a qualquer perturbação atmosférica, o sinal não pode viajar pela linha de visão e o sinal será perdido, de modo que os dados que estão sendo transmitidos de outra antena serão transmitidos com sucesso para a extremidade do recetor. Na extremidade do recetor, também será utilizada uma antena para receber os dados provenientes do transmissor.

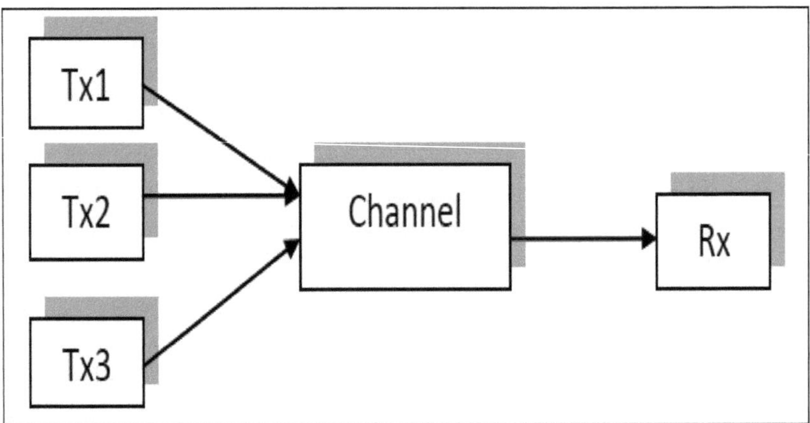

Figura 4.2 Entrada múltipla e saída única

4.1.3 Entrada única e saída múltipla

Nesta saída múltipla de entrada única, estamos a transmitir um único dado a partir do transmissor único e, do lado do recetor, estamos a receber os dados com a ajuda de várias antenas e qualquer que seja a melhor saída, esta pode ser recebida no final. Aqui, utilizaremos uma única antena no lado do transmissor para enviar os dados. A partir da extremidade do transmissor, enviaremos os mesmos dados utilizando a antena de transmissão ao mesmo tempo, pelo que, em qualquer caso, devido a qualquer perturbação atmosférica, o sinal não pode viajar pela linha de visão e o sinal será perdido, pelo que os dados que estão a ser transmitidos a partir de outra antena serão transmitidos com êxito para a extremidade do recetor. Na extremidade do recetor, também serão utilizadas várias antenas para receber os dados provenientes do transmissor. Este tipo de técnica funciona segundo o princípio principal, que é o seguinte

- Diversidade espacial - esta é a técnica que permite enviar os dados simultaneamente a partir de várias antenas.

- Multiplexagem espacial - Nesta técnica, cada dado é separado, mas na extremidade do recetor os dados são multiplexados.

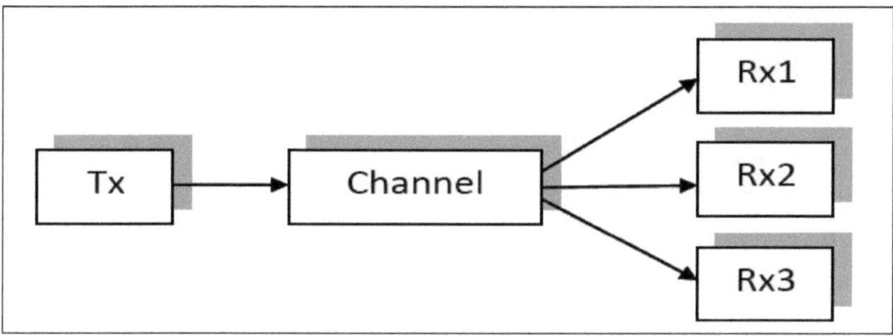

Figura 4.3 Entrada única e saída múltipla

4.1.4 Entrada múltipla, saída múltipla

Na entrada múltipla, a saída múltipla é uma técnica eficiente que permite aumentar a taxa de dados e reduzir a taxa de erro de bit durante a comunicação com a comunicação ótica de espaço livre. Nesta técnica de comunicação, utilizaremos entradas múltiplas e obteremos saídas múltiplas ao mesmo tempo, escolhendo depois a melhor de entre elas. Há um número de

antena do transmissor no lado do transmissor e número de antenas no lado do recetor. Esta antena é muito eficaz para agora um dia é eficaz na comunicação de longo alcance que funciona com base em duas técnicas de diversidade espacial e multiplexação.

Figura 4.4 Entrada múltipla, saída múltipla para o modelo 3 is to 3

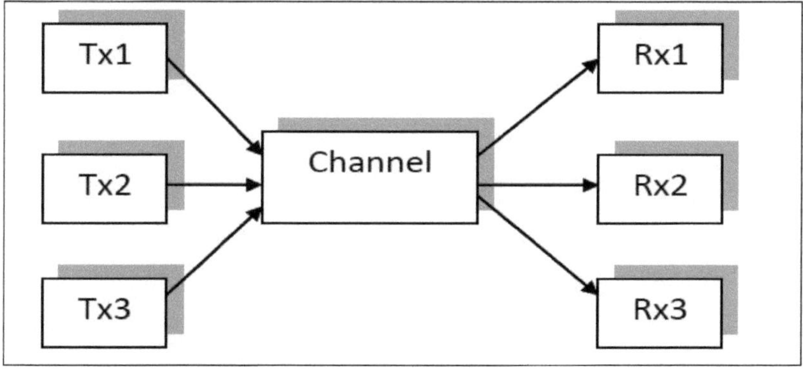

4.2 Conceção e simulação do sistema

A conceção do sistema de comunicação por fibra ótica em espaço livre que utiliza a técnica de otimização é feita num software que é o sistema opt. O sistema opt é um software que ajuda o utilizador a conceber qualquer comunicação por fibra ótica e a testá-lo numa plataforma virtual antes de o fazer no hardware. Isto permite poupar tempo ao utilizador e também recursos. O software do sistema Opt fornece a plataforma para o teste virtual de todos os equipamentos utilizados na comunicação por fibra ótica. Ajuda o utilizador a encontrar o resultado de uma ligação de comunicação ótica entre o emissor e o recetor através de vários métodos, também sob diferentes tipos de condições. O utilizador pode também configurar os parâmetros de todos os produtos utilizados na disposição do sistema ótico que estão disponíveis na biblioteca. Isto ajuda o utilizador a simular o sistema em pormenor.

Depois de analisar o circuito proposto para a comunicação ótica simples de curto alcance no espaço livre, tive a ideia de implementar o mesmo circuito utilizando a técnica de otimização e achei-o mais vantajoso do ponto de vista dos utilizadores. Aqui, utilizando a mesma potência, o sinal pode percorrer uma longa distância de quase 180 km sem afetar a intensidade do sinal. Nesta técnica, utilizo uma bifurcação na extremidade do transmissor para gerar a cópia do mesmo sinal e ligá-la ao amplificador, podendo então enviá-la através do espaço livre.

4.2.1 Modelo de conceção do sistema SISO em optisystem

Depois de ter concebido o modelo do sistema, introduzo este modelo no sistema ótico e analiso o seu resultado em diferentes casos com a ajuda de um gráfico. Este gráfico

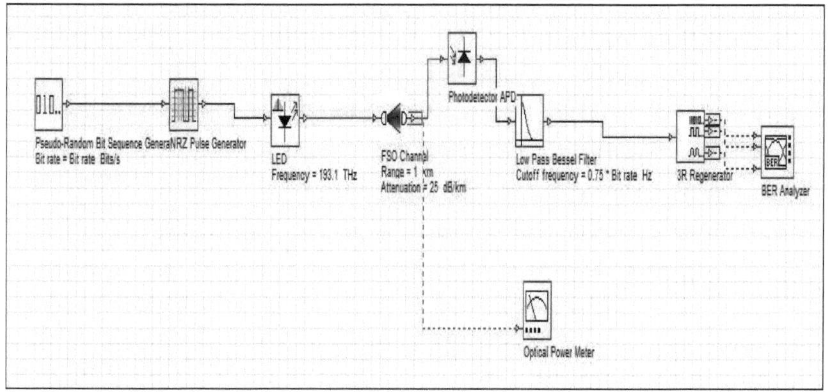

mostra a

Figura 4.5 Conceção do sistema ótico do SISO

comportamento do sistema projetado. Este é o modelo de um sistema de entrada única e saída única utilizando o software optisystem:

cobertura. De acordo com [6], a distância desempenha um papel importante no desvanecimento, uma vez que, à medida que a distância aumenta, a quantidade de desvanecimento aumenta no ambiente ruidoso. O aumento do número de saltos curtos efectuados na transmissão do sinal pode aumentar a eficiência. O funcionamento do FSO depende totalmente das condições do ambiente e altera também os parâmetros de desempenho, como a capacidade do canal, a discrepância na fase do sinal, o alargamento do impulso, a deslocação do feixe e a distribuição da intensidade do feixe.

Auses [7] Há muitos desafios diferentes que enfrentamos ao conceber um sistema FSO, como as interferências atmosféricas e o desvanecimento causado pelo peso. O desvanecimento ocorre porque qualquer sinal que recebemos interfere entre si e altera as propriedades como o índice de refração, expandindo o sinal por razões térmicas e o excesso de potência do ar no meio causa o estreitamento do feixe. Existem dois métodos para aumentar a cobertura, utilizando o MIMO e o FSO com base em retransmissões. Devido às perdas de longo curso, o desvanecimento ocorre e podemos dividi-lo em saltos para aumentar a eficiência.

4.2.2 Especificação

No diagrama do circuito (Figura -2) utilizei componentes como o gerador de impulsos NRZ, que converte os bits em impulsos, e também um gerador de bits pseudo-aleatórios para a geração de bits. Como fonte, utilizei um laser CW de frequência 193,1 THz para o bombeamento contínuo. Além disso, para efeitos de modulação, utilizei um modulador NRZ com um rácio de extinção de 30db. Utilizei um espaço livre de 1Km entre o emissor e o recetor com uma atenuação de 25db. Na secção do recetor, utilizei um subtrator elétrico seguido de um filtro passa-baixo. No final liguei um analisador de taxa de erro de bits para analisar todos os parâmetros da rede projectada e em forma de gráfico.

Depois de toda a rede estar concluída, calculamos os diferentes parâmetros e vemos o resultado que é apresentado nos diagramas abaixo.

4.2.3 Produção

O diagrama abaixo mostra a saída e podemos ver claramente que o resultado é demasiado ruidoso e não é claro

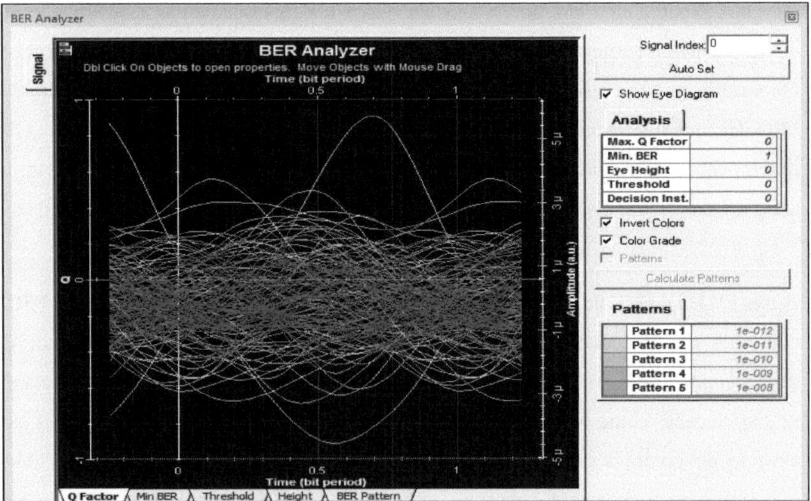

Figura 4.6 Diagrama de olho para SISO

4.3 Modelo Optisystem do sistema 6 *6 MIMO

Depois de analisar o autor de saída SISO ir para MIMO, aqui usando a antena múltipla tanto o lado para receção e transmissão, utilizando a propagação multipath como sua vantagem. Neste circuito MIMO aqui estamos usando 6is a 6 MIMO significa que existem seis transmissores no lado do transmissor e as seis antenas no lado do recetor serão usadas. Neste

Tabela 4. 1 Caraterísticas da fonte laser

Parâmetros	**Valores**
Frequência	193,18 hz
Largura da linha	10 Mhz
Potência	0 db
Limiar de ruído	-100 db
Dinâmica do ruído	3 db

Esta tabela contém os parâmetros da fonte laser que são apresentados na tabela acima com o parâmetro e o seu valor.

Tabela 4. 2 Caraterísticas do canal FSO

Parâmetros	Valores
Gama	20 km
Atenuação	25db/km
Diâmetro da abertura do transmissor	5 cm
Diâmetro da abertura do recetor	20 cm

Esta tabela mostra as caraterísticas do canal FSO. As quais são mencionadas no quadro acima com os seus parâmetros e valores.

Quadro 4. 3 Caraterísticas do modulador Mach zehender

Parâmetros	**Valores**
Taxa de bits	10 tera bits por segundo

Janela de tempo	1,28e-008 s
Taxa de amostragem	64Mhz
Comprimento da sequência	128 bits
Amostras por bit	64
Número de amostras	8192

Neste caso, a alteração da fase do sinal mostra onde ocorre a modulação e opta pela alteração da fase se não houver modulação. Determina a variação relativa da mudança de fase entre dois feixes colimados provenientes da divisão da luz de uma única fonte.

Tabela 4.4 Caraterísticas do gerador de impulsos NRZ

Parâmetros	**Valores**
Tempo de subida	0.05
Tempo de outono	0.05
Amplitude	1

Com este gerador, o utilizador pode criar uma sequência de impulsos sem retorno a zero que são codificados pela entrada de sinal digital. Ao utilizar este gerador de impulsos NRZ, qualquer que seja o sinal proveniente do gerador de bits pseudo-aleatórios sob a forma de bits, o gerador de impulsos NRZ converte-o em sinal elétrico que pode ser facilmente passado através de um modulador e, em seguida, também pode ser modulado. O sinal modulado por qualquer portadora pode ser transmitido facilmente de um lugar para outro sem afetar a frequência do sinal original

Tabela 4. 5: Caraterísticas do pino do fotodetector

Parâmetros	**Valores**
Corrente escura	10 nA
Responsivamente	1 A/W

Na tabela 5 são apresentadas as informações sobre o fotodetector. O pino do fotodetector encontra-se no lado da saída. Funciona sob polarização inversa moderada.

Na extremidade de saída, é utilizado para converter o sinal ótico em sinal elétrico e introduzi-lo no filtro passa-baixo. Depois de introduzir no filtro este sinal recebido, o principal trabalho do filtro é eliminar a atenuação que se cria durante a transmissão do sinal por comunicação ótica no espaço livre.

Tabela 4. 6: Caraterísticas do filtro de Bessel passa-baixo

Parâmetros	Valores
Perda de inserção	10
Profundidade	100

Quando a conceção estiver concluída e todos os parâmetros estiverem configurados. Depois vem o funcionamento deste sistema. A partir do primeiro, os dados reais serão introduzidos no modulador de impulsos NRZ, mas como não existem dados reais no software, utiliza-se aqui o gerador de bits pseudo-aleatórios, que irá gerar os bits aleatórios para a transmissão

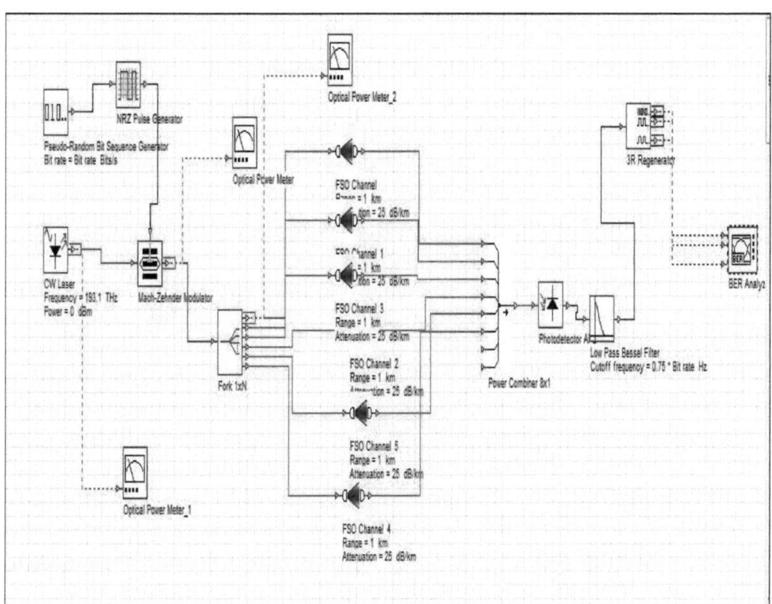

Figura 4.7 Conceção do sistema ótico de 6*6 MIMO

4.3.1 Saída

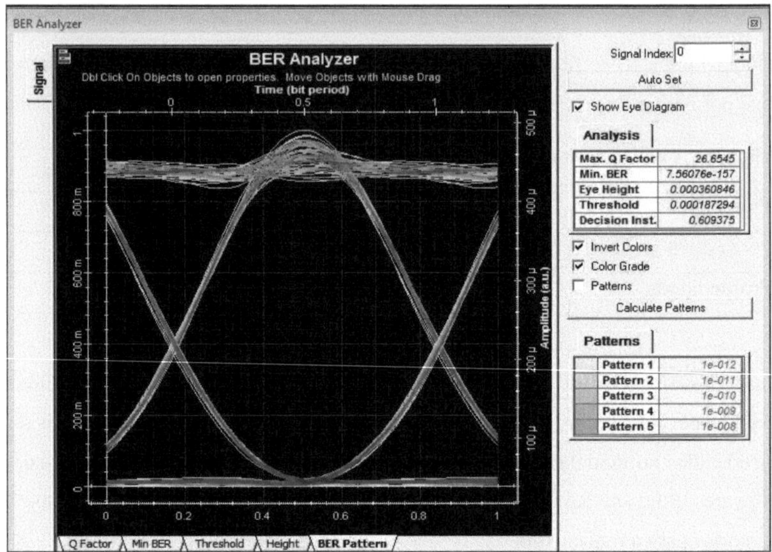

Figura 4.8 Diagrama ocular do sistema MIMO

Aqui a saída é obtida utilizando o multipercurso com duas abordagens de diversidade espacial e multiplexagem espacial, a saída recebida é muito clara e menos ruidosa e também a taxa de dados também aumenta.

Depois de passar por todas as teorias acima mencionadas nos artigos acima, outra forma de melhorar a comunicação no espaço livre em caso de alta turbulência.

A simulação é feita no software utilizando o sistema opt. O resto do documento apresenta as seguintes partes: na primeira, veremos quais são os problemas que podem ocorrer na comunicação no espaço livre e qual é o método eficiente para ultrapassar estes problemas. Na secção dois, estudamos a conceção do sistema e ficamos a conhecer os parâmetros que podem ser alterados. Na secção três, são apresentados os resultados e os gráficos após a simulação. Utiliza-se o software e faz-se um estudo mais aprofundado a partir daí, utilizando o software e mostrando os diferentes gráficos juntamente com o BER e o diagrama de olho. Na última secção, é apresentada a conclusão da conceção proposta.

Depois de analisar o SISO e o MIMO, o autor verificou que o MIMO é melhor para o futuro utilizador. E o MIMO reduz todas as deficiências do SISO, mas uma vantagem aqui também é o maior número de usos de antena, o que causa a complexidade no hardware e também aumenta o custo. Então, depois de ir o autor de tantos papéis encontrou uma técnica para a seleção de antena que chamou técnica de seleção de antena. Por esta técnica, encontramos a melhor antena e, usando pode reduzir o não de antena, mas a saída como é.

O objetivo do autor é reduzir o ruído que falta cancelar utilizando diferentes tipos de filtros e o autor tenta mostrar aqui qual é o melhor filtro para reduzir o ruído. Aqui, utilizando o software MATLAB, tentamos descobrir qual das técnicas será a melhor para o cancelamento de interferências.

Concebi 4*4 MIMO utilizando códigos MATLAB e analisei estas quatro técnicas através de filtro combinado, MMSE, SIC e forçamento zero.

Filtro combinado: O gráfico seguinte descreve que o filtro combinado não é eficaz para o cancelamento correto do ruído, pois proporciona uma transmissão de bits baixa e uma SNR também baixa. E o MMSE, o zero crossing é melhor do que o filtro correspondente, mas o SIC é o melhor filtro para o cancelamento do ruído e tem a taxa de transmissão de bits mais elevada e também um SNR elevado.

4.4 Saída MATLAB

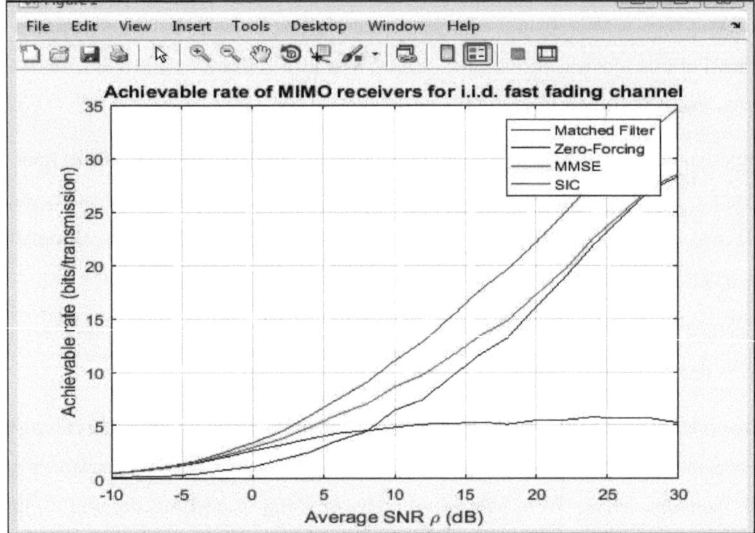

Figura 4.9 Análise comparativa de diferentes filtros

Aqui está o gráfico que mostra a análise comparativa de todos os quatro filtros disponíveis e o resultado é que o SIC é o mais adequado para reduzir o desvanecimento e a distorção

4.5 Conclusão

A conceção do sistema utilizando a técnica MIMO atenua o efeito das turbulências na absorção da comunicação no espaço livre e reduz as perdas no sinal da mensagem através de meios eficazes e, neste caso, estou a utilizar 20 km de espaço livre com uma atenuação de 25 db por km e, em seguida, o fator q é 1e + 050. e também mostra como o MIMO é melhor do que o SISO, o outro descobriu que, utilizando a técnica de seleção de antenas, também pode reduzir a desvantagem do MIMO. E, utilizando o MATLAB, mostra como a distorção disponível também pode ser reduzida com a melhor utilização do filtro SIC.

Ao utilizar os recursos limitados disponíveis, é criado um sistema eficiente. Assim, é possível obter mais alterações na rede e obter bons e melhores resultados. O sistema apresentado neste documento dá uma ideia da topologia que pode ser utilizada juntamente com as diferentes técnicas de modulação, utilizando também os diferentes dispositivos para ultrapassar as perdas de informação na comunicação ótica. Além disso, os valores dos parâmetros desempenham um papel muito importante no funcionamento do sistema de uma forma muito eficiente. Este sistema pode ser utilizado para obter bons resultados e uma melhor eficiência na comunicação ótica no futuro.

Referências:

[1] Xu F, Khalighi MA, Bourennane S. Pulse Position Modulation for FSO Systems:Capacity and Channel Coding.International Conference on Telecommunication. 2009;31-38

[2] IEEE Trans.Communication. 2002;50(8):1293–1300. Leitgeb E, Koudelkat O, Sheik Muhammad S. Multilevel Modulation and Channel Codes for Terrestrial FSO links (Modulação multinível e códigos de canal para ligações FSO terrestres). Proc. 2nd Int. Symp. WirelessCommunication Systems. 2005;795-799.

[3] Cvijetic N, Wilson SG, Brandt-Pearce M. Otimização do recetor em canais MIMO ópticos de espaço livre turbulento com APDs e Q-ary PPM. IEEE Photon Tehnol.Lett, 2006;18:1491-1493.

[4] Strohbehn J. Laser beam propagation inthe atmosphere (propagação de feixes laser na atmosfera). New York: Springer; 1978.

[5] Andrews LC, Phillips RL, Hopen CY, Al-Habash MA. Theory of Optical Scintillation (Teoria da Cintilação Ótica). J. Opt. Soc. Am. 1999;16:1417-1429.

[6] Wilson SG, Brands-Pearce M, Cao Q, Leveque, III JJH, Transmissão MIMO ótica em espaço livre com PPM Q-ary. IEEE Trans.Commun. 2005;53:1402-1412.

[7] Navidpour SM, Uysal M, Kavehrad M.BER Performance of Free-Space Optical Transmission with Spatial Diversity.IEEE Transactions on Wireless Communications. 2007;6(8):2813-2819.

[8] Peng Deng, Mohsen Kavehrad, Zhiwen Liu, Zhou Zhou, XiuHua Yuan. Capacidade das comunicações ópticas MIMO em espaço livre utilizando a propagação de múltiplos feixes parcialmente coerentes através de turbulência forte não-Kolmogorov. Optics Express

[9] ShahabSanayei e Aria Nosratinia, (2003) "Antenna Selection in MIMO Systems",

Universidade do Texas em Dallas, IEEE Communications Magazine.

[10] NidhiSindhwani e Manjit Singh, ""FFOAS: seleção de antena para sistema de comunicação sem fios MIMO usando algoritmo de otimização e agendamento de pirilampo, Int. J. Wireless and Mobile Computing, Vol.10, No. 1, 2016.

[11] Chaturvedi, A. e Gagrani, M. (2014a) 'Transmit and receive antenna pairing in MIMO relay networks', IEEE Wireless Communications Letters, Vol. 1, No. 6, pp.577-580

[12] Chaturvedi, A. e Gagrani, M. (2014b) 'Transmit and receive antenna pairing in MIMO relay networks', IEEE Communications Letters, Vol18, No. 11, pp.2043-2046.

[13] Gao, H., Lv, T., Zhang, S., Yuen, C. e Yang, S. (2012) 'Zeroforcing based MIMO two-way relay with relay antenna selection:transmission scheme and diversity analysis', IEEE Transactionson Wireless Communications, Vol. 11, No. 2, pp.4426-4437.

[14] Hu, B-B., Liu, Y-A., Xie, G., Gao, J-C. e Yang, Y-L. (2014) Energyefficiency of massive MIMO wireless communicationsystems with antenna selection", The Journal of China Universities of Posts and Telecommunications, Vol. 21, No. 6

Capítulo 5
Avaliação do desempenho do FSO através de técnicas de otimização

5.1 Introdução

Neste capítulo, discutiu-se a técnica de otimização e a forma como esta será eficaz para a aplicação do utilizador atual em comparação com a comunicação ótica simples de espaço livre. Este relatório propõe um sistema de comunicação relacionado com o espaço livre que funciona com uma taxa de bits elevada. Neste documento, o principal objetivo é fornecer uma grande largura de banda, juntamente com uma elevada transmissão de dados através de uma ligação de comunicação. Não há nenhum processo ou sistema que não tenha desafios. Neste caso, o principal desafio são as perturbações atmosféricas que provocam a melhoria da taxa de erro de bits e reduzem a velocidade dos dados. Neste documento, o objetivo é reduzir estes efeitos e torná-lo mais eficiente. Depois de analisar esta ligação de comunicação de alta velocidade, conceber uma aplicação relacionada com FSO e fornecer uma taxa de dados elevada. Neste documento, foram feitos esforços para atenuar ou minimizar os efeitos da cintilação, avaliando o desempenho do sistema através de simulação. As comunicações ópticas no espaço livre oferecem uma solução alternativa para a comunicação por satélite e entre satélites em relação ao solo. Sempre que é necessário seguir o feixe ótico, este reduz a atenuação e proporciona uma ligação clara, o que aumenta a distância da ligação. Há vários investigadores que estudam a comunicação ótica no espaço livre e descobriram que há muitas tecnologias electrónicas que se fundem com a comunicação ótica no espaço livre e dão bons resultados, o que não era possível anteriormente. Assim, há muitos problemas que causam factores de atenuação que provocam perda de potência e ruído no sistema de saída final. Os factores de atenuação são diferentes tipos de condições atmosféricas e muitas obstruções que, se enviarmos um sinal, provocam uma propagação multipercurso devido a estes obstáculos e provocam uma perda de sinal. Estes factores de atenuação provocam diferentes tipos de perdas, como a absorção do sinal devido ao vapor de água, o alargamento dos impulsos no sinal e a propagação de Bima. Estes factores também afectam o desempenho do sistema, como o fator de qualidade da taxa de erro de bits e muitos outros. A alteração da taxa de erro de bit afecta a gama de visibilidade e reduz os parâmetros do sistema devido a estes factores, que são a absorção de IR, a dispersão e a cintilação.

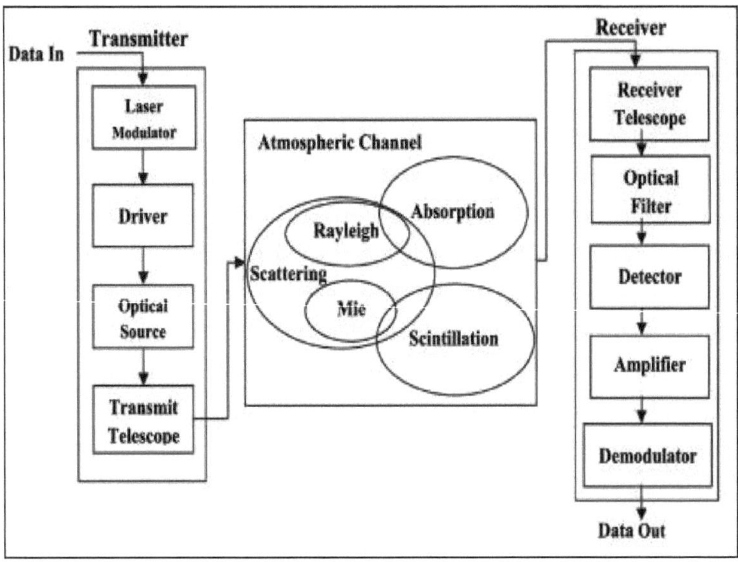

Figura 5.1 Esquema das comunicações ópticas no espaço livre

5.2 Conceção e simulação do sistema

A conceção do sistema de comunicação por fibra ótica em espaço livre que utiliza a técnica de otimização é feita num software que é o sistema opt. O sistema opt é um software que ajuda o utilizador a conceber qualquer comunicação por fibra ótica e a testá-lo numa plataforma virtual antes de o fazer no hardware. Isto permite poupar tempo ao utilizador e também recursos. O software Optisystem fornece a plataforma para o teste virtual de todos os equipamentos utilizados na comunicação por fibra ótica. Ajuda o utilizador a encontrar o resultado de uma ligação de comunicação ótica entre o emissor e o recetor através de vários métodos, também sob diferentes tipos de condições. O utilizador pode também configurar os parâmetros de todos os produtos utilizados na disposição do sistema ótico que estão disponíveis na biblioteca. Isto ajuda o utilizador a simular o sistema em pormenor.

Depois de analisar o circuito proposto para a comunicação ótica simples de curto alcance no espaço livre, tive a ideia de implementar o mesmo circuito utilizando a técnica de otimização e achei-o mais vantajoso para o ponto de vista dos utilizadores. Aqui, utilizando a mesma potência, o sinal pode percorrer uma longa distância de quase 180 km sem afetar a intensidade do sinal. Nesta técnica, utilizo uma bifurcação na extremidade do transmissor para gerar a cópia do mesmo sinal e ligá-la ao amplificador.

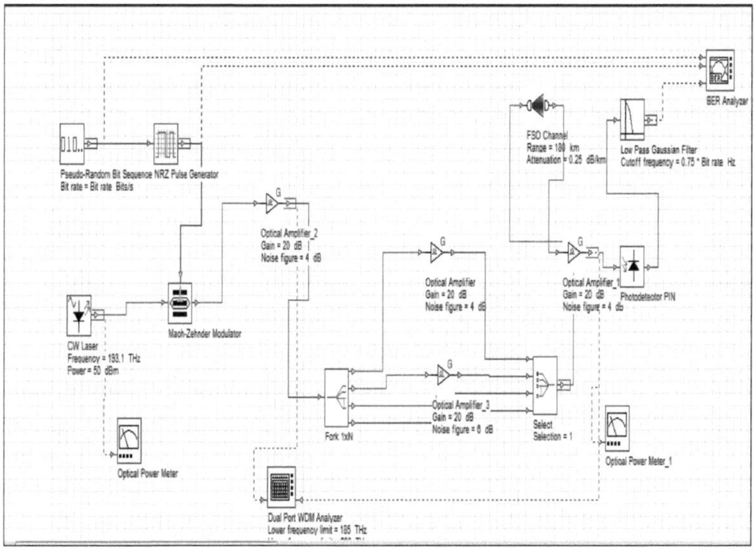

Figura 5.2 Comunicação ótica em espaço livre utilizando a técnica de otimização

O diagrama acima mostra o circuito básico de simulação concebido pela optisystem. Aqui utilizamos um gerador PRBS seguido de um gerador de impulsos NRZ que converte os bits em sinais eléctricos. Utilizamos o laser para fornecer energia ao sistema e, em seguida, utilizando o modulador, modulamos este sinal elétrico e enviamo-lo para o espaço livre a longa distância. Antes de enviar o sinal para o espaço livre, utilizamos o garfo que gera a cópia múltipla do sinal, cada uma das cópias liga-se ao filtro individualmente e, utilizando o combinador, adicionamos o sinal e enviamo-lo para o recetor.

O lado do transmissor utiliza o fotodetector e o medidor de potência ótica para medir a potência no lado do transmissor e do recetor. No final, é utilizado um filtro para enviar o sinal recebido, o que reduz o sinal indesejado.

As caraterísticas do fotodetector PIN são apresentadas na tabela seguinte. Para que a informação dos dados possa ser utilizada. Em seguida, o sinal é enviado para um filtro de Bessel passa-baixo para obter apenas os dados e eliminar o ruído. As caraterísticas do filtro de Bessel passa-baixo são apresentadas na tabela seguinte. O gerador 3R é ligado após o filtro de Bessel passa-baixo para obter a maior parte dos dados exactos e, por fim, o analisador BER é ligado para analisar o diagrama ocular, o fator Q máximo e o BER mínimo

Quadro 5.1 Caraterísticas do recetor ótico

Parâmetros	Valor
Fotodetector	PIN
Ganho	3
Rácio de ionização	0.9
Responsividade	1 A/W
Corrente escura	10 nA
Frequência de corte	0,75 * (Taxa de bits) Hz
Perda de inserção	0 dB
Profundidade	100 dB
Encomendar	4

Tabela 5.2 Caraterísticas do filtro gaussiano passa-baixo

Parâmetros	Valores
Frequência de corte	0,75 * (Taxa de bits) Hz
Perda de inserção	0 dB
Profundidade	100 dB
Encomendar	1

5.3 Resultados e discussão

Os resultados do sistema acima apresentado são os seguintes: o espetro ótico é analisado e o diagrama BER é apresentado com outros dados. Utilizando o visualizador de sistemas ópticos, veremos o comportamento do sinal antes e depois da transmissão.

O Optisystem é um software que ajuda o utilizador a conceber qualquer comunicação por fibra ótica e a testá-la numa plataforma virtual antes de a executar no hardware. Isto permite poupar tempo e recursos ao utilizador. O software Optisystem fornece a plataforma para o teste virtual de todos os equipamentos utilizados na comunicação por fibra ótica. Ajuda o utilizador a encontrar o resultado de uma ligação de comunicação ótica entre o emissor e o recetor através de vários métodos, também sob diferentes tipos de condições. O utilizador pode também configurar os parâmetros de todos os produtos utilizados na disposição do sistema ótico que estão disponíveis na biblioteca. Isto ajuda o utilizador a simular o sistema em pormenor. Depois de simular o novo circuito utilizando a técnica de otimização, encontrei este resultado e fiquei bastante satisfeito com o resultado. Um diagrama de olho claro mostra que funciona bem e aqui o fator q é 9,2764 e o BER mínimo é 8,764 e-21 e a altura do olho é 0,0586.

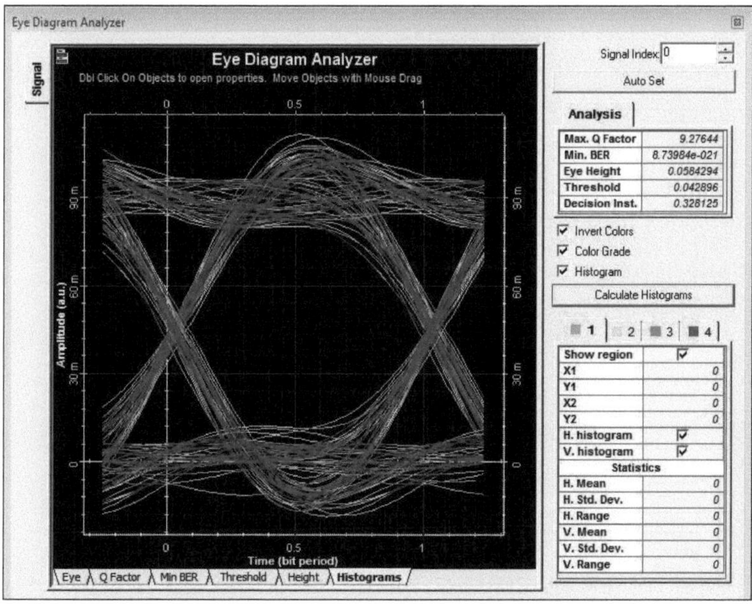

Figura 5.3 Diagrama ocular da técnica de otimização

Depois de simular o novo circuito utilizando a técnica de otimização, encontrei este resultado e fiquei bastante satisfeito com o resultado. Um diagrama de olho claro mostra que funciona bem e aqui o fator q é 9,2764 e o BER mínimo é 8,764 e-21 e a altura do olho é 0,0586.

5.5 Cálculo dos parâmetros

Depois de analisar o diagrama ocular, posso afirmar claramente que a altura do olho é clara, o que significa que há menos ruído.

Mas aqui vou ver o comportamento individual do parâmetro como a forma como o BER será alterado quando o sinal percorrer uma longa distância e também o segundo parâmetro quando o intervalo será variado como o fator Q será alterado. estes dois factores principais que calculei aqui.

Os cálculos destes parâmetros são apresentados no diagrama seguinte, utilizando os gráficos da Figura 4.4 e da Figura 4.5-

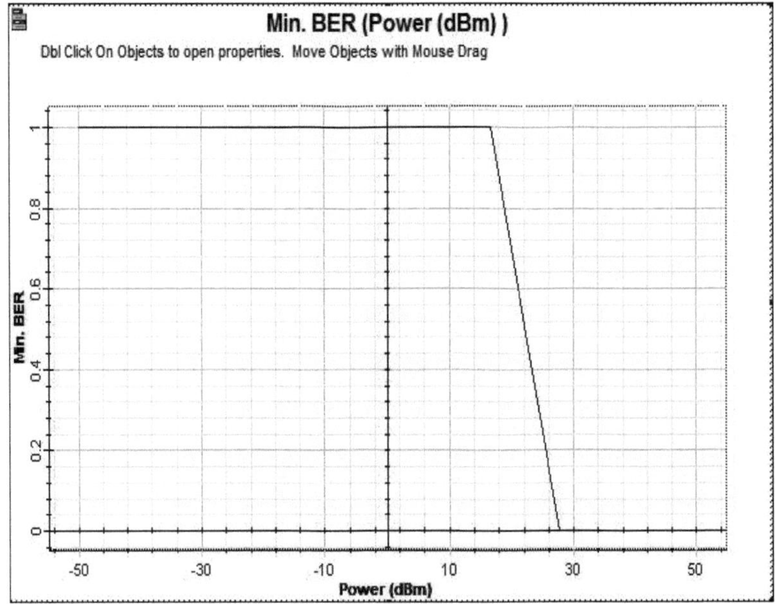

Figura 5.4 Potência versus BER mínimo

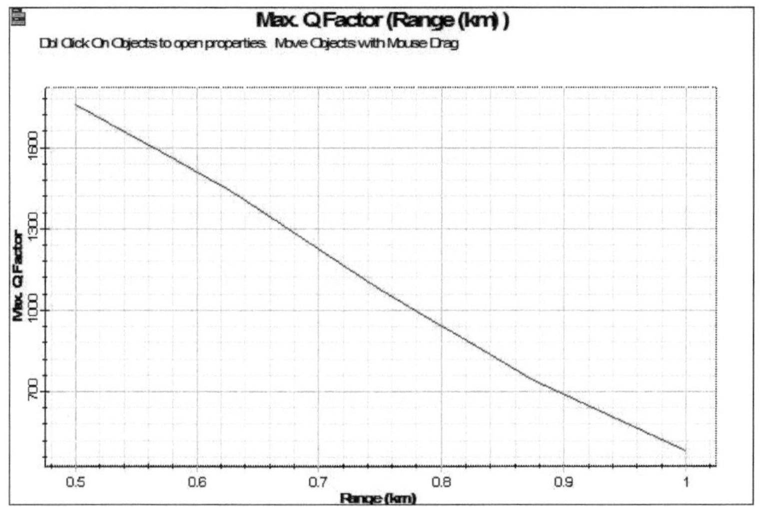

Figura 5.5 Gama versus fator Q máximo

5.6 Conclusão

Embora o FSO proporcione caraterísticas de comunicação eficazes, a ligação sem fios reduz facilmente o sinal ótico. Mas no sistema FSO simples, quando o sinal percorre uma longa distância, há muitos factores de atenuação que provocam uma baixa intensidade do sinal, pelo que, em condições muito longas e de mau tempo, não era útil. Aqui, depois de utilizar a mesma ligação com uma nova técnica de otimização, tem sido mais eficiente na maioria das condições e a cobertura da distância também aumenta. A parte mais eficaz é não precisar de aumentar a potência. Este sistema proposto utiliza o algoritmo de otimização e aumenta o desempenho da ligação de comunicação ótica em termos de fator Q, distância de visibilidade, BER e diagrama de olho.

Referências:

[1] K. C. Kao e G. A. Hockam, "Dielectric fiber surface wave guides for optical frequancy," proceeding of IEEE, vol. 133, pp. 1151-1158,(1996).

[2] Kapron F. P. et. al., "Maximum Information capacity of Fiber Optic Waveguide", IEE Electron Lett., No. 13, pp. 69-76, (1977).

[3] John Wiley & Sons, "Fiber-Optic Communications Systems", Terceira Edição,

(2002).

[4] Amemiya, M., "Pulse Broadening due to Higher Order Dispersion anm its Transmission Limit", Journal of Lightwave Technology, Vol. 20, No. 4, pp. 591-597, (2002).

[5] Ghassemlooy, Z. e Popoola, W.O., "Terrestrial Free-Space Optical Communications", em Mobile and Wireless Communications: Network layer and circuit level design, pp. 355-391, 2010.

[6] S. Khare, N. Sahavam, "Analysis of Free Space Optical Communication System for Different Atmospheric Conditions & Modulation Techniques," in International Journal of Modern Engineering Research (IJMER), vol. 2, Issue. 6, pp. 4149-4152, Nov. 2012.

[7] Tejbir Singh Hanzra, Gurpartap Singh, "Improvement in Performance of Free Space Optical Communication," in International Journal of Applied Information Systems (IJAIS), vol. 2, pp. 7-11, maio de 2012.

[8] D. M. Forin, G. M. Tosi Beleffi, A.L.J. Teixeira, L.N. Costa, P.S. De Brito Andre, B. Geiger, E. Leitgeb, F. Nadeem, "Free Space Optical Technologies," in Trends of Telecommunications Technologies, pp.257-296, 2010.

[9] P. Kumar, A. Tripathy, J. S. Roy, "Design and analysis of single mode photonic crystal fibers with zero dispersion and ultra low loss", International Journal of Electronics and Telecommunications, vol. 64, n.º 4, pp. 541-546, 2018

[10] El-Nayal MK, Aly MM, Fayed HA, AbdelRassoul RA. Sistema ótico adaptativo de espaço livre baseado em detetor de visibilidade para superar a atenuação atmosférica. Resultados Físicos 2019;14:102392.

[11] Chaudhary S, Amphawan A. O papel e os desafios dos sistemas ópticos de espaço livre. J Opt Commun 2014;35:327-34.

[12] Gies D. Segurança dos sistemas de comunicação ótica no espaço livre. In:2019 Simpósio internacional do IEEE sobre engenharia de conformidade de produtos (ISPCE): IEEE; 2019.

[13] Alnwaimi G, Boujemaa H, Arshad K. Comprimento ideal do pacote para comunicações ópticas no espaço livre com canal de feedback SNR médio. J Comput Netw Commun 2019;2019:1-8.

[14] Sunilkumar K, Anand N, Satheesh SK, Moorthy KK, Ilavazhagan G. Desempenho dos sistemas de comunicação ótica no espaço livre: efeito do aquecimento da baixa atmosfera induzido por aerossóis. Optic express

2019;27:11303

Capítulo 6
Ótica do espaço livre: aplicações actuais e desafios futuros

6.1 Introdução:

A FSO (ótica de espaço livre) é uma tecnologia de transmissão ótica que permite a conetividade ótica através da transmissão de dados por propagação de luz no espaço livre. Não há necessidade de um cabo de fibra ótica. O funcionamento das redes FSO é idêntico ao das redes OFC (cabo de fibra ótica), com a exceção de que os feixes ópticos são transmitidos através do ar livre em vez dos centros de fibra de vidro da OFC. Para oferecer uma funcionalidade full duplex (bidirecional), o sistema FSO inclui um transcetor ótico em ambas as extremidades. A comunicação FSO não é um conceito totalmente novo. Remonta ao século VIII, mas desenvolveu-se desde então. A FSO é uma tecnologia LOS (linha de visão) que permite a comunicação de dados, áudio e vídeo full duplex (bidirecional) com um débito máximo de dados de 10 Gbps.

- As caraterísticas de um sistema FSO bem sucedido são as seguintes [1]:
- Os sistemas FSO devem poder funcionar a níveis de potência mais elevados para distâncias mais longas.
- A modulação de alta velocidade é fundamental para os sistemas FSO de alta velocidade.
- Devido à sua manutenção, a conceção global de um sistema deve ocupar pouco espaço e ter um baixo consumo de energia.
- O tempo médio entre falhas (MTBF) do sistema deve ser calculado.

6.2 Aplicações úteis

A ligação de comunicação FSO está atualmente a ser utilizada para uma variedade de serviços em vários locais. Segue-se uma descrição pormenorizada dos mesmos:

- **Acesso sem fios ao ar livre:** Pode ser utilizado para comunicações por fornecedores de serviços sem fios e não requer uma licença para utilizar o FSO, como acontece com as bandas de micro-ondas.
- **Acesso à última milha:** Dado que o custo da escavação para instalar a fibra é muito elevado, faz sentido que os fornecedores de serviços instalem o máximo de fibra possível na última milha. A FSO pode ser utilizada para resolver este

problema, integrando-a com outras redes na última milha. É uma ligação de alta velocidade. É também utilizada para contornar outros tipos de mecanismos de circuito local da rede

- **Backup de fibra:** No caso de uma ligação de fibra falhar, o FSO pode ser utilizado para fornecer uma ligação de reserva [3].
    - **Extensões de redes metropolitanas**: pode ser utilizado para alargar os anéis de fibra de uma área metropolitana existente. O sistema FSO demora menos tempo a ser instalado e a ligação de redes adicionais e equipamento de base é simples. Também pode ser utilizado para unir anéis SONET. Backup de fibra: No caso de uma ligação de fibra falhar, o FSO pode ser utilizado para fornecer uma ligação de reserva.
    - **Backhaul:** Pode ser útil para o transporte de tráfego celular de alta velocidade e alta taxa de dados das torres de antenas para a PSTN. A velocidade de transmissão aumentaria [3].
    - **A aceleração do serviço** também pode ser utilizada para oferecer aos clientes um serviço imediato enquanto a sua infraestrutura de fibra está a ser instalada.
    - **Aplicações militares:** Como se trata de uma tecnologia segura e invisível, pode ligar em segurança regiões enormes com um tempo mínimo de preparação e de implantação, o que a torna ideal para utilização militar. Aplicações militares: Como se trata de uma tecnologia segura e invisível, pode ligar em segurança regiões enormes com um tempo mínimo de preparação e de utilização, o que a torna ideal para utilização militar.

6.3 Vantagens

- A ótica de espaço livre é uma rede flexível com velocidades mais rápidas do que a banda larga [1].
- A sua instalação é bastante simples e, na maioria dos casos, demora menos de 30 minutos [1].
- Requer um pequeno investimento inicial [3].
- Trata-se de um mecanismo de implantação fácil de utilizar. Ao contrário do rad, não é necessária uma licença de espetro ou sincronização de frequências entre utilizadores.

- Devido ao funcionamento em linha de vista, é um sistema seguro que não requer qualquer atualização do sistema de segurança [7].
- Podem ser atingidos débitos de dados elevados equivalentes aos dos cabos de fibra ótica, mas as taxas de erro são muito baixas, e o feixe laser extremamente estreito permite a colocação de um número ilimitado de ligações FSO numa determinada área [7].
- Existe imunidade a radiofrequências.
- A FSO permite uma reutilização espacial alargada [8].
- O sistema FSO [8] tem um baixo consumo de energia por bit transmitido.
- A largura de banda é relativamente elevada [8].
- As suas implementações são adaptáveis [9].
- O feixe ótico é transmitido através do ar. Como resultado, a transmissão tem a velocidade da luz [10].
- Estas vantagens demonstram a importância do sistema FSO em comparação com outros métodos de comunicação. No documento, é feita uma comparação de vários sistemas com base em numerosos factores.

4. Restrições

- As vantagens da ótica de espaço livre são numerosas. No entanto, uma vez que a FSO utiliza o ar como meio de transmissão e a luz flui através dele, são inerentes algumas preocupações ambientais. É na troposfera que ocorre a maior parte dos fenómenos atmosféricos [11]. A Figura 1 mostra o impacto destas restrições na atmosfera. Algumas dessas restrições são as seguintes:
- **obstruções:** quando um único feixe surge na linha de visão (LOS) de transmissão do sistema FSO, aves em voo, árvores e estruturas altas podem bloqueá-lo momentaneamente.
- **Cintilação:** Devido ao calor que emana do solo e das unidades artificiais, como condutas de aquecimento, ocorrem diferenças de temperatura entre vários pacotes de ar. As mudanças de temperatura podem induzir flutuações na amplitude do sinal, resultando em "dança de imagens" na extremidade recetora do FSO.
- perdas: as perdas geométricas, também conhecidas como atenuação do feixe ótico, são causadas pelo espalhamento do feixe, que reduz o nível de potência

do sinal à medida que este viaja do emissor para o recetor.

- As moléculas de água que flutuam na atmosfera terrestre são responsáveis pela absorção. Estas partículas absorveriam a energia do fotão. A absorção reduz a densidade de potência do feixe ótico, tendo assim um impacto direto na disponibilidade de transmissão num sistema FSO. O dióxido de carbono também pode provocar a absorção de sinais.
- **Turbulência atmosférica: as** condições meteorológicas e as estruturas ambientais provocam perturbações na atmosfera. O vento e a convecção são os responsáveis, uma vez que combinam parcelas de ar com temperaturas variáveis. A densidade do ar varia, o que provoca uma alteração do índice de refração do ar.
- **Absorção climática:** Na maioria dos casos, o nevoeiro e a neblina causam a atenuação atmosférica. A poeira e a chuva também têm um papel importante. Pensa-se que a atenuação atmosférica depende do comprimento de onda; no entanto, tal não é o caso. A neblina é um fenómeno dependente do comprimento de onda. Em condições meteorológicas de nebulosidade, a atenuação a 1550 nm é menor do que noutros comprimentos de onda [11]. Numa situação de nevoeiro, a atenuação é independente do comprimento de onda.
- **Dispersão:** é um fenómeno que ocorre quando um feixe ótico colide com um objeto disperso. É um fenómeno dependente do comprimento de onda, em que a energia de um feixe ótico permanece constante. No entanto, ocorre apenas uma redistribuição direcional da energia ótica, resultando numa diminuição da intensidade do feixe a longas distâncias. Existem três formas de atenuação atmosférica. Dispersão: A dispersão é um fenómeno que ocorre quando dois ou mais objectos colidem.

Existem três tipos de dispersão

- Dispersão de moléculas, também conhecida como dispersão de Rayleigh.
- Dispersão de Mie, por vezes designada por dispersão de aerossóis.
- Dispersão geométrica, que é uma dispersão não selectiva.

6.5 Vários estudos sobre o efeito de atenuação

Estão a ser realizadas várias investigações em diversas condições meteorológicas, a fim de desenvolver novos modelos em função da eficácia do sistema. As condições meteorológicas de nevoeiro, neblina, chuva e neve são o foco principal desta investigação. Podem ser tomadas medidas num sistema realista com base nos resultados destas investigações. A influência do nevoeiro e do fumo foi estudada através de investigação teórica e experimental num estudo. A hipótese empírica baseada em laboratório que sugere que as janelas de comprimento de onda de 830, 940 e 1550nm são as mais persistentes foi confirmada por dados experimentais. O modelo empírico é utilizado para comparar os resultados experimentais para os espectros de absorvância constante de situações de nevoeiro e fumo, a desambiguação está a diminuir linearmente [14]. O autor de outro estudo investiga se o nevoeiro é dependente do comprimento de onda. Numa câmara de ensaio, é criada uma atmosfera semelhante a um nevoeiro. Foi estabelecido que a atenuação do nevoeiro é uma caraterística dependente do comprimento de onda.

Na mesma câmara, é utilizada uma ligação FSO com 830nm e 1550nm em paralelo, sendo a potência medida na extremidade recetora em ambos os casos: com nevoeiro e sem nevoeiro. Dado que as partículas de nevoeiro provocam uma dispersão de Mie, a teoria de Mie pode ser utilizada para medir a dispersão. A ligação FSO é um dos três tipos mais conhecidos e utiliza 830nm e 1550nm em paralelo na mesma câmara, sendo a potência medida no recetor. No comprimento de onda curto, é investigada uma correlação das taxas de precipitação com a atenuação da chuva num estudo baseado na chuva (785nm). Para obter os resultados, é utilizado o modelo de atenuação da chuva de quatro modelos existentes e os dados observados são comparados com os resultados calculados para estabelecer o modelo de turbulência. No comprimento de onda curto (7), é estudada a relação entre as taxas de precipitação e a atenuação da chuva num estudo baseado na chuva.

Outro estudo centra-se no impacto da flutuação da intensidade da chuva na previsão da atenuação. A ligação FSO com alterações da intensidade da chuva é investigada utilizando 7 modelos de formato de redução. Seis dos modelos têm um fator de redução de unidade, enquanto um tem um fator de redução de 0,7. Outro estudo centra-se no impacto da flutuação da intensidade da chuva na previsão da atenuação. Esta diminui o comprimento efetivo da rota da ligação FSO. Quando a taxa de precipitação é baixa, a distribuição da precipitação ao longo de um trajeto mais longo parece ser mais ampla, ao passo que quando a taxa de precipitação é elevada, parece ser mais concentrada.

O efeito das condições meteorológicas tropicais da Malásia nas ligações FSO é estudado utilizando o conceito de transcetor único e múltiplo com base no valor da distância de ligação e da potência recebida na investigação. Foi determinado que um sistema FSO de quatro feixes pode funcionar com êxito para distâncias mais longas em condições climatéricas adversas.

6. Técnicas para melhorar o desempenho do sistema

- Estão a ser implementadas várias abordagens para melhorar o desempenho do sistema. Algumas destas abordagens são descritas em pormenor abaixo e a sua comparação é feita na parte seguinte.
- **Desempenho do sistema FSO baseado em SAC OCDMA.** Os investigadores empregam o método de Acesso Múltiplo por Divisão de Código Ótico com Codificação de Amplitude Espectral no sistema FSO. Este sistema de multiplexagem oferece inúmeras vantagens, incluindo flexibilidade na atribuição de canais, funcionamento assíncrono, melhoria da privacidade e aumento da capacidade da rede. O SDD (spectral direct dec) é utilizado com códigos KS (Khazani-Syed)
- **Técnica de otimização:**
  Utilizando um sistema WDM, os parâmetros da ótica de espaço livre podem ser optimizados. Os investigadores criaram um sistema WDM unidirecional. Dependendo das condições meteorológicas, é necessário ajustar diferentes factores, como a taxa de dados, a potência, o alcance da ligação, o número de utilizadores e o espaçamento entre canais. O coeficiente de atenuação para vários tipos de chuva é de 6,27. A sintonia dos parâmetros deve ser priorizada para melhorar o desempenho do sistema. Este estudo não leva em conta as perdas geométricas. O ganho do amplificador ótico tem a maior importância, seguido da potência do laser, da taxa de dados e do tamanho da abertura, com o comprimento da ligação a ter a menor prioridade.
- **Técnica MIMO**
  Na entrada múltipla, a saída múltipla é uma forma eficiente de aumentar e

reduzir a taxa de erro de bits durante a comunicação com a comunicação ótica de espaço livre. Nesta técnica de comunicação, utilizaremos entradas múltiplas e obteremos saídas múltiplas ao mesmo tempo, escolhendo depois a melhor de entre elas. Utiliza-se o número de antena do transmissor no lado do transmissor e número de antenas no lado do recetor. Esta antena é muito eficaz atualmente, pois é eficaz na comunicação de longo alcance e funciona com base em duas técnicas: diversidade espacial e multiplexagem.

6.7 Conclusão

O FSO tem várias vantagens em relação aos métodos existentes, que podem ser de natureza ótica, rádio ou micro-ondas. A principal vantagem do sistema FSO é o facto de ser menos dispendioso e demorar menos tempo a instalar. Com algumas modificações, o equipamento ótico pode ser utilizado num sistema FSO. As vantagens do sistema de comunicação FSO e as suas áreas de aplicação tornaram-no uma tecnologia popular, mas existem alguns inconvenientes. Alguns problemas surgem em resultado da atenuação do meio. O sistema FSO tem alguns problemas, como a atenuação do meio, que podem afetar o desempenho da transmissão devido à perda de potência. No entanto, um cuidado adicional e um estudo prévio do meio podem ajudar a determinar os tipos de factores a considerar antes de instalar o sistema. Estão atualmente em curso muitos projectos de investigação. Para reduzir o efeito da atenuação, estão a ser introduzidas novas concepções de sistemas, como os sistemas FSO baseados em WDM. Antes de implementar o sistema no local, são utilizados vários modelos baseados nestes estudos para avaliar o seu desempenho.

Referências

[1] J. Kaufmann, "Free space optical communications: an overview of applications and technologies," in *Proceedings of the Boston IEEE Communications Society Meeting*, 2011.

[2] H. A. Willebrand e B. S. Ghuman, "Fiber optics without fiber", *IEEE Spectrum*, vol. 38, n.º 8, pp. 40-45, 2001.

[3] 3.R. K. Z. Sahbudin, M. Kamarulzaman, S. Hitam, M. Mokhtar, e S. B. A. Anas, "Performance of SAC OCDMA-FSO communication systems," *Optik*, vol. 124, no. 17, pp. 2868-2870, 2013

[4] G. Shaulov, J. Patel, B. Whitlock, P. Mena e R. Scarmozzino, "Simulation-assisted design of free space optical transmission systems", em *Proceedings of the Military Communications Conference (MILCOM '05)*, vol. 2, pp. 918-922, Atlantic City, NJ, EUA, outubro de 2005.

[5] S. Vigneshwaran, I. Muthumani, and A. S. Raja, "Investigations on free space optics communication system," in *Proceedings of the International Conference on Information Communication & Embedded Systems (ICICES '13)*, pp. 819-824, IEEE, Chennai, India, February 2013.

[6] J. Singh e N. Kumar, "Performance analysis of different modulation format on free space optical communication system," *Optik*, vol. 124, no. 20, pp. 4651-4654, 2013.

[7] N. Kumar e A. K. Rana, "Impact of various parameters on the performance of free space optics communication system," *Optik*, vol. 124, no. 22, pp. 5774-5776, 2013.

[8] H. A. Fadhil, A. Amphawan, H. A. B. Shamsuddin et al., "Otimização dos parâmetros da ótica de espaço livre: uma solução óptima para condições meteorológicas adversas,

[9] S. A. Al-Gailani, A. B. Mohammad, and R. Q. Shaddad, "Enhancement of free space optical link in heavy rain attenuation using multiple beam concept," *Optik*, vol. 124, no. 21, pp. 4798-4801, 2013.

[10] M. Ijaz, Z. Ghassemlooy, J. Pesek, O. Fiser, H. Le Minh e E. Bentley, "Modelação da atenuação do nevoeiro e do fumo na ligação de comunicações ópticas no espaço livre em condições laboratoriais controladas", *Journal of Lightwave Technology*, vol. 31, n.º 11, Artigo ID 6497447, pp. 1720-1726, 2013.

[11] Z. Ghassemlooy, J. Perez, e E. Leitgeb, "On the performance of FSO communications links under sandstorm conditions," in *Proceedings of the 12th*

International Conference on Telecommunications (ConTEL '13), pp. 53-58, IEEE, Zagreb, Croácia, junho de 2013.

Printed by Books on Demand GmbH, Norderstedt / Germany